Küstenlänge der Ostsee

GESAMT, exakt
(mit Inseln, Buchten usw.)
über 22.000 km

GESAMT, generalisiert
7.080 km

davon:

Dänemark
800 km

Schweden
2.460 km

Finnland
1.230 km

Russland
510 km

Estland
680 km

Lettland
475 km

Litauen
75 km

Polen
380 km

Deutschland
470 km

davon:

Mecklenburg-Vorpommern
(nur Außenküste)
270 km

Schleswig-Holstein
(nur Außenküste)
200 km

KÜSTEN DER OSTSEE

Entdecken und Erleben

ROLF REINICKE

Landschaften und Naturschönheiten rings um das mare balticum

KÜSTEN DER OSTSEE

Entdecken und Erleben

DELIUS KLASING VERLAG

Titelfoto: *Herbstliche Kreideküste auf Rügen.*
Foto vorhergehende Seite: *Kalksteinfelsen auf der Insel Fårö.*
Foto oben: *Sandsteinkliff bei Tuja in Lettland.*

Fotos und Texte: *Rolf Reinicke*
Lektorat und Leuchtturm-Zeichnungen: *Inge Reinicke*

Bibliografische Information der Deutschen Nationalbibliothek
Die Deutsche Nationalbibliothek verzeichnet diese Publikation in der Deutschen Nationalbibliografie; detaillierte bibliografische Daten sind im Internet über http://dnb.d-nb.de abrufbar.

ISBN 978-3-7688-2469-9
(Die bislang erschienene Auflage dieses Buches wurde von der DSV-Verlags GmbH, Hamburg, unter der ISBN 3-88412-390-4 herausgegeben.)

Grafik und Layout: Matthias Reinicke
Druck: Kunst- und Werbedruck, Bad Oeynhausen
Printed in Germany 2008

Delius Klasing Verlag, Siekerwall 21, D - 33602 Bielefeld
Tel.: 0521/559-0, Fax: 0521/559-115
E-Mail: info@delius-klasing.de
www.delius-klasing.de

INHALT

OSTSEEKÜSTEN S. 6
Die Ufer eines kleinen Meeres

EIN MEER AUF DEM KONTINENT S. 9
Vielfalt der Gesteine an den Küsten der Ostsee

EIS - SEE - MEER - SEE - MEER S. 15
Die kurze bewegte Geschichte der Ostsee

FÖRDENKÜSTE S. 20
auf Jütland und in Schleswig-Holstein

INSELKÜSTEN DÄNEMARKS S. 30
in der Beltsee

DIE KÜSTE MECKLENBURGS S. 42
Ufer zwischen Trave und Recknitz

VORPOMMERSCHE BODDENKÜSTE S. 50
Fischland-Darß-Zingst, Hiddensee und Rügen

VORPOMMERSCHE HAFFKÜSTE S. 70
Usedom, Wollin und Stettiner Haff

AUSGLEICHSKÜSTE IN POLEN S. 76
Sandstrände, Strandseen und Wanderdünen

DIE GROSSEN NEHRUNGEN S. 84
Frisches Haff und Kurisches Haff

DIE LETTISCHE AUSGLEICHSKÜSTE S. 96
Kurland und Rigaer Bucht

DIE UFER DER GROSSEN KALKSTEININSELN S. 104
Öland, Gotland, Saaremaa und Hiiumaa

DER BALTISCHE GLINT S. 122
Entlang der Küsten Estlands

INNERER FINNISCHER MEERBUSEN S. 132
Küsten zwischen Narva und Kotka

SCHÄREN UND FJORDE S. 140
Die finnische Küste zwischen Kotka und Rauma

DIE ÅLANDINSELN S. 150
Küstenlandschaft mit besonderer Geschichte

OSTKÜSTE DES BOTTENMEERES S. 158
Die finnische Küste zwischen Rauma und Vaasa

RUND UM DIE BOTTENWIEK S. 164
Die nördlichsten Ufer der Ostsee

DIE HÖCHSTEN UFER DER OSTSEE S. 178
An der Westküste des Bottenmeeres

DIE SCHWEDISCHE SCHÄRENKÜSTE S. 188
Landschaft zwischen Meer und Seen

DIE KÜSTE VON SMÅLAND UND BLEKINGE S. 196
Landschaftskontraste zwischen Ost und Süd

BORNHOLM S. 202
Insel der kontrastreichsten Ostseeufer

DIE HALBINSEL SCHONEN S. 214
Schwedens andere Ostseeküste

OSTSEEKÜSTEN

Die Ufer eines kleinen Meeres

Der Weg zur Küste führt durch Raps- und Zuckerrübenfelder zum niedrigen lehmigen Steilufer. Davor liegt ein schmaler, sandiger Strand mit vielen Geröllen, gegen den sanft die Wellen schlagen. Aus dem Rund der Bucht leuchtet von fern ein heller Sandstrand, gesäumt vom dunklen Streifen eines Küstenwaldes.

Hier stehen wir nicht an der rauhen Küste eines Weltmeeres - das erkennt man auf den ersten Blick. Am Ufer des mare balticum, des Baltischen Meeres, dieses kleinen Nebenmeeres des Atlantik, spüren wir viel weniger von unbändigen Naturgewalten als an den Küsten der Ozeane. Nur selten tobt hier die Brandung, die Wellen erreichen keine so gewaltigen Dimensionen wie auf den Weltmeeren, die Gezeiten bleiben ohne Wirkung. Obwohl es an manchen Küstenabschnitten der Ostsee durchaus imposante Szenerien gibt, sind doch die meisten Landschaftsbilder nur wenig dramatisch - es dominieren ausgedehnte Flachküsten, sanfte Strände und Steilufer geringer Höhe.

Ein weiterer, wichtiger Unterschied: Vergleicht man die Ostsee mit den Ozeanen, so ist sie ein ganz junges Meer - erst einige tausend Jahre alt. Deshalb hat ihre rund 7.000 Kilometer lange Küste viele „jung" wirkende Ufer, an denen die anstürmenden Wellen noch längst nicht so ausgleichend und glättend wirken konnten wie dort. Man findet daher an dieser Küste noch eine besonders reiche Gliederung, einen auffallend vielfältigen Formenschatz und eine beständige Veränderung der Linien und Formen ihrer Ufer.
So ist unsere Ostsee in vielerlei Hinsicht etwas ganz Besonderes - ein kleines, flaches Meer auf dem europäischen Kontinent mit nur drei schmalen Verbindungen zum

Ozean. Ihr Boden und ihre Ufer bestehen aus den gleichen Gesteinen. Diese sind allerdings völlig unterschiedlich in Alter, Entstehung und Beschaffenheit. So entstanden besonders vielfältige Küstenlandschaften. Wer auf der Erde etwas mit der Ostseeküste annähernd Vergleichbares sucht, der wird es wohl nur an den Großen Seen in Nordamerika finden. Dort sind Landschaftsbilder, Entstehungsgeschichte, Gesteine und geologischer Bau durchaus ähnlich - abgesehen davon, dass es sich um Binnenseen handelt.

Dieses Buch möchte die bemerkenswerte Vielfalt und Schönheit der faszinierenden Ostseeküsten im Überblick zeigen. Eine Vollständigkeit ist weder beabsichtigt noch in diesem Rahmen möglich. Die Küsten von Kattegat und Skagerak bleiben weitgehend unberücksichtigt. Die Fotos sind ohne die Landschaft verzerrende Brennweiten aufgenommen. Autor und Verlag danken allen, die beim Entstehen des Buches mithalfen und wünschen viele neue Einsichten.

Rapakivi-Klippen bei Norrfällsviken an der schwedischen Höga Kusten (links) und Geschiebelehm-Steilufer am Reddevitzer Höft auf Rügen (unten) - Beispiele der beeindruckenden Vielfalt von Landschaften an den Küsten des mare balticum.

EIN MEER AUF DEM KONTINENT

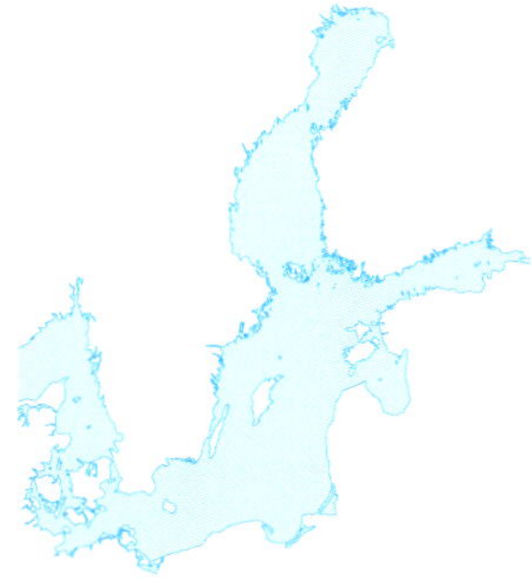

Vielfalt der Gesteine an den Küsten der Ostsee

Der Charakter von Landschaften wird wesentlich geprägt von den Gesteinen, die ihren Untergrund bilden. Das gilt überall auf unserer Erde. So findet auch die bemerkenswerte landschaftliche Vielfalt der Ostseeküsten ihre Erklärung in den unterschiedlichen Gesteinsarten, die hier das „Baumaterial“ bilden. Die Ostsee liegt als flaches Meer direkt auf dem europäischen Kontinent - sie ist ein „Epikontinentalmeer“. Da sie somit keinen speziellen ozeanischen Meeresboden wie die Weltmeere besitzt, bestehen ihr Grund und ihre Ufer aus den gleichen Gesteinen.

Wer die Ostsee umrundet, wird erstaunt sein, an ihren Küsten immer wieder auf völlig andersartiges Gestein zu treffen. Im auffallenden Kontrast zu den besonders „weichen“ Küstenabschnitten aus Sand, Lehm, Mergel oder Kreide im Süden stehen die extrem „harten“ Ufer des Nordens mit ihren kristallinen Gesteinen. Dazwischen liegen Küstenabschnitte, die aus Kalkstein und Sandstein bestehen. Die meisten dieser Gesteine findet man, vom Eis dorthin geschoben, auch an den südlichen Küsten als Strandgeröll, als „Geschiebe“, wieder. Die geologische Karte zeigt, stark vereinfacht, dass es im Ostseeraum drei große, ganz unterschiedlich alte geologische Komplexe mit völlig verschiedenartigen Gesteinen gibt: im Süden die jungen Sedimentgesteine der Mitteleuropäischen Senke (bedeckt von eiszeitlichen Ablagerungen), im Osten die alten Sedimentgesteine der Osteuropäischen Tafel, im Nordwesten und Norden die uralten kristallinen Gesteine des Baltischen Schildes. Diese so verschiedenartigen Gesteine kommen nun an den Küsten zu Tage und bestimmen den Charakter der Landschaft.

Baltischer Schild - der „harte Norden“

Wie ein gigantischer flacher, schildförmiger Buckel liegt der Baltische Schild im Norden Europas - eine uralte Gesteinsmasse aus kristallinen Gesteinen. Es sind die bis auf ihre Wurzeln abgetragenen Reste uralter Gebirge. Ihr Alter schwankt zwischen 1.900 und 1.125 Millionen Jahren. Dieses „Grundgebirge“, der geologisch älteste Bauteil Europas, bildet den felsigen Untergrund im größten Teil der schwedischen und überall an der finnischen Küste. Hier trifft man auf sehr harte Gesteine, hauptsächlich auf Gneis, ein Umwandlungsgestein, das bei Gebirgsbildungen unter extremen Druck und großer Hitze aus anderen Gesteinen entstand. Außerdem gibt es verschiedene magmatische Gesteine - Tiefengesteine wie Granit oder Ergussgesteine wie Porphyr und Diabas. Gesteine des Baltischen Schildes finden sich nach Süden hin bis zur Küste der Halbinsel Schonen und auf Bornholm.

◄ *Geschiebeblöcke bedecken die Uferklippen am Bjuröklubb am Westufer der Bottenwiek. Hier, im äußersten Norden der Ostsee, trifft man nur auf die uralten kristallinen Gesteine des Baltischen Schildes - im Anstehenden und als Lockermaterial.*

KÜSTENTYPEN DER OSTSEE

Beispiele für die Vielfalt des „Baumaterials“ der Küste: An der Ostsee gibt es...

Felsküsten aus kristallinen Gesteinen des Baltischen Schildes
- Steilküste aus Granit
- Felsflachlandküsten aus Gneis
- Fjordschärenküste aus Rapakivi

Felsküsten aus Sedimentgesteinen der Osteuropäischen Tafel
- Steilküste (Glintküste) aus Kalkstein
- Steilküste aus Sandstein
- Flachküste aus Tonschiefer

Küsten aus Sedimentgesteinen der Mitteleuropäischen Senke
- Steilküste aus Schreibkreide
- Steilküste aus Kreidekalk
- Steilküste aus Sand und Ton

Lockergesteinsküsten aus Ablagerungen der Eiszeit
(„Glazialschuttküsten“)
- Steilküste aus Geschiebemergel oder -lehm
- Steilküste aus Sand oder Schluff

Lockergesteinsküsten aus Ufer- oder Bodensedimenten der Ostsee
- Flachküste aus Sand (z. B. Sandhaken und Nehrungen)
- Flachküste aus Kies und Geröll (z. B. Strandwallsysteme)
- Flachküste aus Ostseeschlamm

Verlandungsküsten aus organischem Material
- Flachküste aus Niedermoortorf (z. B. Salzwiesen)

Osteuropäische Tafel - uralte Meeresablagerungen

Ablagerungen flacher Meere, die einst - so wie heute die Ostsee - als Epikontinentalmeere den Norden Europas überfluteten, bedeckten im zentralen und östlichen Teil der Ostsee das uralte kristalline Grundgebirge. Bei diesen etwa 380 - 500 Millionen Jahre alten Sedimentgesteinen aus Kambrium, Ordovizium, Silur und Devon handelt es sich hauptsächlich um verschiedene fossilreiche Kalksteine und um Sandsteine. Diese Gesteinsschichten lagern ungestört und fast horizontal, nur minimal nach Südosten geneigt. Daher bezeichnet man den gewaltigen Schichtkomplex als Osteuropäische Tafel. Deren Gesteine bilden das Baumaterial der großen Inseln in der zentralen Ostsee - Öland, Gotland, Saaremaa und Hiiumaa - und der gesamten estländischen Küste.

► *Uferklippe aus Gneis und Amphibolit auf Kemiö/Kimito (finnisches Schärenmeer). - Diese Gesteine sind typisch für den riesigen geologischen Komplex des Baltischen Schildes - auf der Karte violett gezeichnet. Solche meist weit über 1,4 Milliarden Jahre alten kristallinen Gesteine sind an den längsten Küstenabschnitten der Ostsee zu finden.*

▼ *Kalksteinkliff an der Halbinsel Paldiski (westlich Tallinn). - Die zu den Gesteinen der Osteuropäischen Tafel zählenden Kalksteinschichten aus dem Ordovizium sind ungefähr 480 Millionen Jahre alt.*

Mitteleuropäische Senke - der „weiche Süden"

An der südlichen Ostseeküste trifft man an einigen Stellen auf die Gesteine der dritten großen geologischen Baueinheit - auf die der Mitteleuropäischen Senke. Ein Tiefenbruch, der vom äußersten Norden Jütlands quer durch Schonen und Bornholm zur polnischen Küste verläuft, trennt sie vom Baltischen Schild und von der Osteuropäischen Tafel. Südlich dieser Bruchzone liegt ein gewaltiger Senkungsraum, dessen Basis steil nach Süden einfällt. Er ist im Wesentlichen ausgefüllt mit Sedimentgesteinen, die als gewaltiges Schichtpaket teilweise über 10.000 Meter mächtig sind. Zuoberst liegen junge, „weiche" Meeresablagerungen aus Kreide und Tertiär, die ein Alter zwischen 80 und 35 Millionen Jahren besitzen. Dafür charakteristisch sind Schreibkreide und Kreidekalk, die an einigen Kliffs auf Seeland, Møn und Rügen beeindruckende Aufschlüsse bilden - die höchsten Steilufer an der Ostsee. Dass die Gesteine der Mitteleuropäischen Senke nur an wenigen Stellen der Küste

◄ *Kreidekalk am Kliff bei Rødvig auf der dänischen Hauptinsel Seeland. - Der von vielen Feuersteinbändern durchzogene Kalk entstand im Tertiär vor ca. 60 Millionen Jahren und zählt zu den Gesteinen der Mitteleuropäischen Senke.*

GEOLOGISCHE KARTE DES OSTSEERAUMES

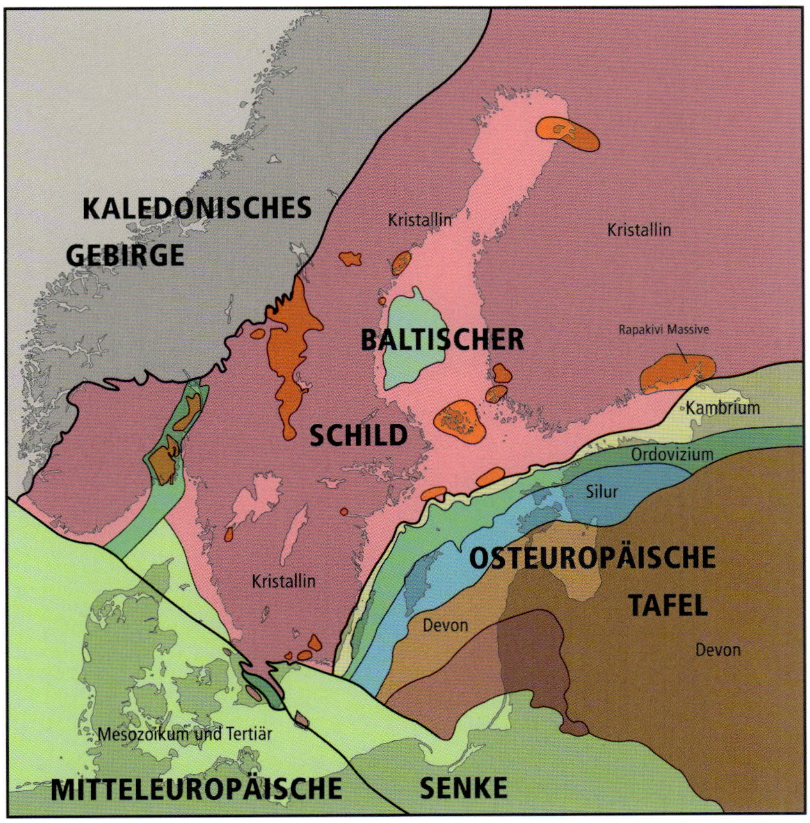

▲ *Stark vereinfachte Karte, ohne eiszeitliche und jüngere Ablagerungen.*

		Beginn vor Millionen Jahren
Känozoikum	Quartär	2
	Tertiär	65
Mesozoikum	Kreide	142
	Jura	200
	Trias	251
Paläozoikum	Perm	358
	Devon	417
	Silur	443
	Ordovizium	495
	Kambrium	545
Präkambrium		

▲ *Geologische Zeitskala.*
(Zahlen: absolutes Alter in Millionen Jahren)

zu beobachten sind, liegt an der Decke aus eiszeitlichen Ablagerungen, von denen sie fast lückenlos bedeckt werden.

Decke aus eiszeitlichen Ablagerungen - die glaziale Serie

Mehrmals schob sich der gewaltige Panzer des Inlandeises über alle drei Baueinheiten. Es formte ihre Oberfläche, schürfte ab und schüttete auf. Eis und Schmelzwässer hinterließen schließlich die „glaziale Serie“, deren großflächige Ablagerungen hauptsächlich am südlichen Küstensaum der Ostsee die älteren Gesteine mit einer teilweise über 100 Meter mächtigen Decke überziehen: Grundmoränen mit Geschiebemergel und -lehm, Endmoränen und Schmelzwasserbildungen mit Lockermaterial unterschiedlicher Korngröße - Geröll („Geschiebe“), Kies, Sand und Schluff. Gelblichbraune Steilufer aus Geschiebelehm und fahlgelbe Kliffs aus Schmelzwassersand sind ebenso charakteri-

stisch für die gesamte südliche Ostseeküste wie die davor liegenden Geschiebestrände. Diese von Geologen mit dem wenig schmeichelhaften Begriff „Glazialschuttküsten" belegten Uferzonen sind am stärksten von der Abtragung betroffen. Sie liefern der Ostsee den größten Teil des Materials für ihre eigenen Bauten.

Ablagerungen der Ostsee - die heutigen Sedimente
Heute bildet die Ostsee über den älteren Gesteinen ihre eigenen Sedimente. Am Meeresgrund entsteht aus Ton, Schluff und Kalkpartikelchen sowie aus organischem Material feiner Schlick. Er tritt an der Küste zu Tage, wenn sich der Meeresboden hebt. Sand, Kies und Geröll werden auch direkt am Ufer aufgeschüttet. Dabei entstehen Strandwälle, Seesandplatten, Sandhaken und Nehrungen. Der Wind trägt lockeren Sand landeinwärts und schüttet Dünen auf. Auf diese Weise hat sich die Ostsee auf langen Strecken eine Küste gebaut, die aus von ihr selbst gebildeten Lockergesteinen besteht.

◄ *Steilufer aus eiszeitlichem Schmelzwassersand am Quitzlaser Ort bei Sellin auf Rügen (vorpommersche Boddenküste).*

◄ *Geschiebelehm-Kliff bei Klein Zicker, Mönchgut auf Rügen (vorpommersche Boddenküste). - Eiszeitliche Ablagerungen bedecken im Süden der Ostsee fast überall die älteren Gesteine. Geschiebemergel und der daraus hervorgegangene Geschiebelehm sind hier die am weitesten verbreiteten Gesteine an den Steilufern. Geschiebemergel entstand als Grundmoräne unter dem Inlandeis. In seiner tonig-kalkigen Grundmasse sind Sand, Kies und Gesteinsbrocken („Geschiebe") jeder Art und Größe eingelagert.*

▲ *Strand am Sandhammaren (Halbinsel Schonen). - Die zahlreichen Sandhaken, Nehrungen und Seesandplatten, die es besonders an der südlichen Ostsee gibt, wurden von ihr selbst angehäuft. Der Wind hat dabei geholfen.*

▲ *Weideland südlich von Hanko (innerer Finnischer Meerbusen). - Fruchtbarer Ostseeschlamm blieb bei der Landhebung zurück und bildet hier die Grundlage für eine ertragreiche Landwirtschaft. Dazwischen ragen bewaldete „Binnenschären" aus dem Gelände. Auf diesem festen Grund hat man auch die Gehöfte gebaut.*

EIS - SEE - MEER - SEE - MEER

Die kurze bewegte Geschichte der Ostsee

Schon lange vor der Eiszeit gab es die „Ostseedepression", eine flache Senke, durch die sich später das Inlandeis schleifend und schürfend nach Süden schob. Dabei erhielt das Ostseebecken seine heutige Form - es entstand der „größte Fjord der Welt". Die gigantischen Lockermassen, die das Eis während mehrfacher Vorstöße ausschürfte und bewegte, lagerte es hauptsächlich im Süden ab.

Mehrmals hatte sich das Inlandeis, das stellenweise eine Dicke von über 3.000 Metern erreichte, von den nordeuropäischen Hochgebirgen aus über ganz Skandinavien ausgebreitet und sich weit nach Süden geschoben. Jeder Eisvorstoß hinterließ großflächig Ablagerungen - Moränen und Schmelzwasserbildungen - und formte so eine neue Landschaft. Zwischen den drei großen Vereisungen war es zeitweise so warm, dass die Gletscher abschmolzen und sich Vorläufer der Ostsee entwickeln konnten. Über den Verlauf und die Beschaffenheit ihrer Ufer ist wenig bekannt.

Der „letzte Schliff"

Erst durch den letzten großen Eisvorstoß, am Ende der Weichselvereisung, erhielt das südliche Küstengebiet der Ostsee sein heutiges Relief. Die jüngsten Moränen sind nicht viel älter als 12.000 Jahre. Den Festgesteinen der nördlichen Küsten verpassten die jüngsten Gletscher zur gleichen Zeit ihren „letzten Schliff".

Während der großen Vereisungen hatten die gewaltigen Eismassen soviel Wasser an sich gebunden, dass der Spiegel der Weltmeere weltweit um bis zu 120 Meter absank. Mit dem Abschmelzen des Inlandeises stieg auch der Meeresspiegel allmählich wieder an. Zusammen mit der beständigen Landhebung war dieses Phänomen bestimmend für die dynamische Entwicklung der Ostsee und ihrer sich beständig verändernden Küsten.

◄ *Uferklippen und Strandwallfelder bei Norrfällsviken an der Hohen Küste in Schweden. - An vielen Stellen der Ostseeküste hat die nacheiszeitliche Landhebung bemerkenswerte Zeugnisse hinterlassen. Diese Strandwälle aus grobem Geröll („Klappersteinfelder") entstanden im Laufe der vergangenen 3.000 Jahre - die höchstgelegenen sind die ältesten.*

▲ *Gletschertopf im Granit. - Die Küstenlandschaften an der Ostsee erhielten durch das Inlandeis ihren letzten Schliff. Doch nicht nur das Eis selbst schürfte und hobelte. Auch das in Eistunneln strömende Schmelzwasser formte den Untergund. In weichen Gesteinen schürfte es Täler aus. In die harten Gesteine schliff es hier und da recht ungewöhnliche Formen. Im Wasserstrom sich drehende Gerölle wurden manchmal zur „Gletschermühle". Dabei entstanden solche zwei bis drei Meter tiefe Gletschertöpfe, wie man sie beispielsweise im Stadtgebiet von Hanko, im äußersten Südwesten Finnlands, findet.*

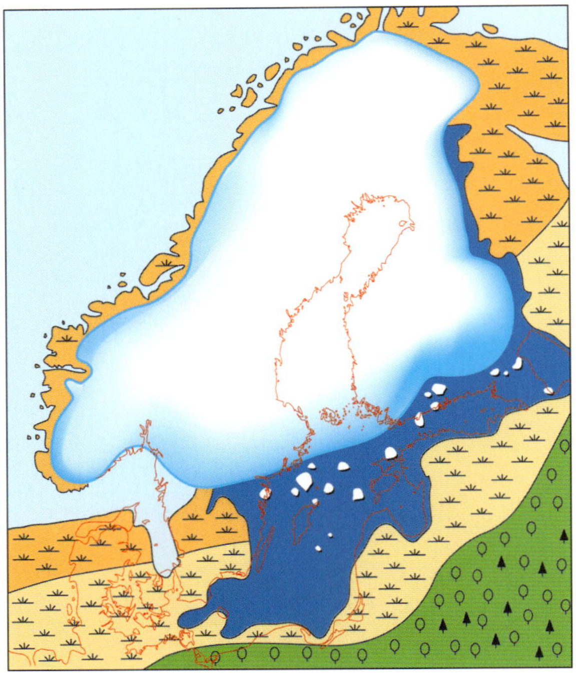

Der Baltische Eissee ▲
(11.000 bis 10.000 Jahre vor heute)
Als die Gletscher der letzten Vereisung schmolzen, bildete sich in der Ostsee-Senke ein gewaltiger Süßwassersee. Die längste Zeit des Jahres trug dieser See, der vom Inlandeis im Nordwesten angestaut wurde, eine feste Eisdecke. Im Sommer trieben zahlreiche Eisberge vom Inlandeis nach Süden und verfrachteten dabei zahlreiche „Findlinge" - große Gesteinsbrocken.

Das Yoldia-Meer ▲
(10.000 bis 9.000 Jahre vor heute)
Als das Eis im Gebiet der Mittelschwedischen Senke abschmolz, lag deren Grund noch so tief, dass Nordseewasser in die Ostsee-Senke eindringen konnte. So wurde der See zum Meer - zum Yoldia-Meer, sogenannt nach der dickschaligen Islandmuschel Yoldia arctica.

Der Ancylus-See ▲
(9.000 bis 8.000 Jahre vor heute)
Durch die fortlaufende Landhebung lief die Mittelschwedische Senke trocken. Damit ging die Verbindung zwischen Yoldia-Meer und Weltmeer verloren. Das Meer wurde wieder zum See, der seinen Namen von der für ihn charakteristischen Süßwasserschnecke Ancylus fluviatilis erhielt.

Das Litorina-Meer ▲
(8.000 bis 2.000 Jahre vor heute)
Durch den weiteren raschen Anstieg des Meeresspiegels überflutete das Nordseewasser Belte und Sund. Der See wurde erneut zum Meer - zum Litorina-Meer, sogenannt nach der Gemeinen Strandschnecke Litorina litorea. Vor ungefähr 4.000 Jahren erreichte der Wasserspiegel seinen heutigen Stand. Seither unterliegt er nur geringfügigen Schwankungen.

Das Mya-Meer - die heutige Ostsee
(seit 2.000 Jahren, ohne Karte)
Heute werden durch die noch immer andauernde Landhebung die Verbindungen zum Weltmeer schmaler. Der Salzgehalt der Ostsee nimmt seit zwei Jahrtausenden beständig ab. Das heutige Brackwassermeer erhielt seinen Namen nach der größten der heute in der Ostsee lebenden Muscheln - der Sandklaffmuschel Mya arenaria. Die Karten zeigen, dass sich im Laufe dieser mehr als 10.000 Jahre dauernden Entwicklung die Küstenlinien beständig veränderten. Und das tun sie noch heute. Dafür sorgen die anhaltende Hebung Skandinaviens (siehe Seite 18), der Anstieg des Meeresspiegels, eine gelinde Senkung der Südküste und der hier fortwährende Küstenausgleich. Wie überall auf unserer Erde sind auch an der Ostseeküste die Veränderungen das einzig Beständige.

◄ *Strandwallebene auf der Insel Fårö, nordöstlich Gotland. - Diese weiten kargen Flächen sind mit meterdicken Schichten aus Kalkgeröll bedeckt, das bei Sturmfluten zu niedrigen Strandwällen angehäuft wurde. Durch die Landhebung liefen diese Flächen nach und nach trocken.*

KÜSTENHEBUNG - EIN PHÄNOMEN MIT WEIT REICHENDEN FOLGEN

Fossile Strandwälle - „Klappersteinfelder" - 220 Meter über NN an der Höga Kusten am Bottenmeer.

Gewaltige Eismassen belasteten viele Zehntausend Jahre lang den skandinavischen Raum. Durch die gigantische Last des teilweise zwei bis drei Kilometer dicken Eispanzers wurde die feste Erdkruste in den plastisch reagierenden Oberen Erdmantel hinein gedrückt - ein sehr langsamer Vorgang.

Nach dem Abschmelzen des Eises setzte die langsame Ausgleichsbewegung ein, die noch bis heute anhält. Dabei wird die Erdkruste vom Oberen Erdmantel wieder in ihre ursprüngliche Lage gedrückt. Deshalb hebt sich das Land in großen Teilen der Ostsee-Region um einige Millimeter pro Jahr. Auf diese Weise wird die Ostsee Jahr für Jahr kleiner. Frühere Küstenlinien liegen heute stellenweise mehr als 150 Kilometer landeinwärts und mehr als 250 Meter über dem Meeresspiegel! Auf das Phänomen der Landhebung stößt man an vielen Stellen der Ostseeküste. An der nördlichen Ostsee wird es besonders deutlich: Einst bedeutende Häfen sind hier im Laufe einiger Jahrhunderte völlig verlandet, neue Inseln aus dem Meer aufgestiegen. Aus dem kalkigen Schlamm des Meeresgrundes wurde vielerorts fruchtbares Ackerland. Am besten dokumentiert sind einstige Uferlinien in den ausgedehnten „Klappersteinfeldern", die sich hauptsächlich an der Küste und auf den Inseln des Bottnischen Meerbusens finden. Ihr Name leitet sich her vom Klappern der Steine, das beim Gehen über diese Geröllflächen entsteht.

Wie haben sich solche Klappersteinfelder gebildet? Im Bereich der nördlichen Ostsee ist der Meeresboden auf weiten Flächen mit eiszeitlichen Schuttmassen bedeckt. Durch die Hebung gelangen diese in die Brandungszone. Dabei werden die Gerölle (Geschiebe) ausgewaschen, vom Wasser weiter gerundet und sortiert. Feineres Material wird weggespült. Auch das Packeis, das sich nach dem Eisaufbruch im Frühjahr regelmäßig mit großer Kraft gegen die Küste schiebt, leistet einen Beitrag zur Anhäufung der Gerölle. Meist erkennt man auf diesen Klappersteinfeldern flache, parallel zum früheren Ufer verlaufende Wälle - Strandwälle -, die durch Eisschub und Sturmhochwasser angehäuft wurden.

Mit fortschreitender Hebung „wandern" die Geröllfelder langsam landeinwärts und höher. An der schwedischen Höga Kusten, dem höchsten aller Ostseeufer, sind die Klappersteinfelder besonders eindrucksvoll zu erleben. Sogar wenig unterhalb des Gipfels von Mjältön, der höchsten aller Ostseeinseln, liegen sie: 230 Meter über dem heutigen Meeresspiegel. Manche der bereits Jahrtausende alten Steinwälle blieben bis heute völlig kahl. Nur verschiedene Flechten haben sich bisher auf den Geröllen angesiedelt.

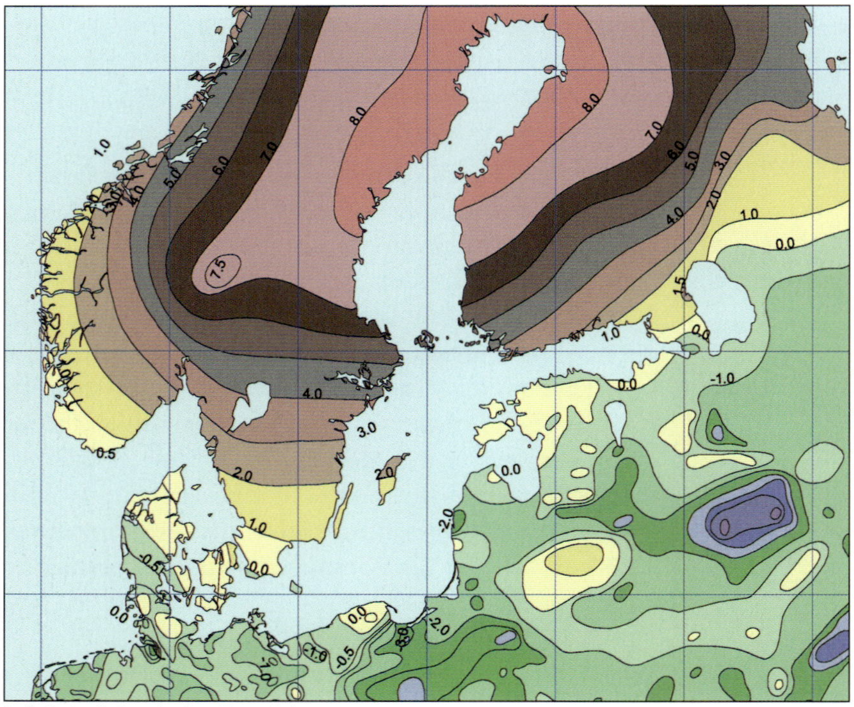

Quelle: Institut für Ostseeforschung Warnemünde

► „Steinwald" bei Båtskärnäs westlich Haparanda (nördliche Bottenwiek). - Eisberge des Baltischen Eissees streuten ihre steinerne Fracht besonders dort auf den Grund des Gewässers, wo sie gegen die Ufer trieben und abschmolzen. Solche Areale, die später durch Landhebung trocken liefen, erscheinen heute als völlig unwegsames Gelände, das oft sehr weit landeinwärts liegen kann.

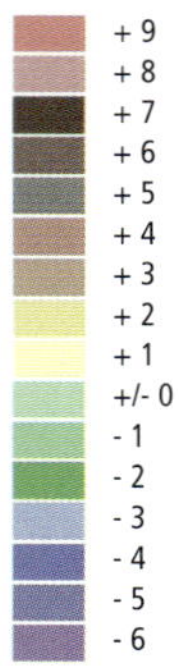

Gegenwärtige Beträge der Landhebung bzw. -senkung in Millimetern pro Jahr.

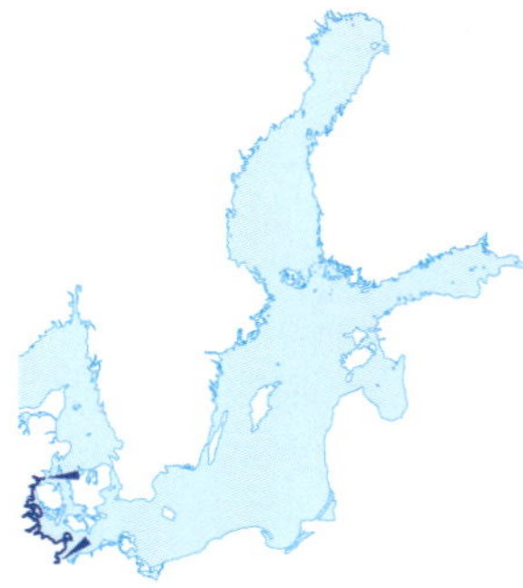

FÖRDENKÜSTE

auf Jütland und in Schleswig-Holstein

Im äußersten Westen der Beltsee liegt eine für diesen Ostseeraum charakteristische Ausgleichsküste. Aber sie zeigt Besonderheiten: einige tief ins Land hinein ragende Meeresarme - die Förden. Manche erinnern an einen stillen Fluss, andere bilden breite Buchten. Alle wurden sie von Gletscherzungen ausgeschürft. Diese schoben sich als Ausläufer von der Hauptmasse des Inlandeises in Täler hinein, durch die sich vorher Schmelzwassermassen ihren Weg gesucht hatten. Die Förden üben auf den Menschen seit jeher eine große Anziehungskraft aus. Ihre innersten, geschützten Bereiche zählen zu den beliebtesten Siedlungsräumen an der gesamten Ostsee - dort liegen heute die Städte.

Förden am Kleinen Belt

Von allen Förden der Beltsee liegt die nördlichste, der Koldingfjord, in einem besonders schönen Endmoränengebiet an der Ostsee. Sein markantes Tal zweigt ab vom Kleinen Belt, der sich flußartig zwischen Jütland und der Insel Fünen (Fyn) hindurch windet und hier seine schmalste Stelle besitzt. Der Kleine Belt entstand auf gleiche Weise wie die Förden: Er wurde von einer Gletscherzunge tief ausgeschürft. Die landschaftlich schöne, buchten- und waldreiche Küste an dieser Meerenge, der westlichsten und schmalsten Verbindung der Ostsee zu den Weltmeeren, zeigt bewaldete Hänge, artenreiche Uferwiesen und schmale Sandstrände. Gleichzeitig ist diese Küstenlandschaft um Kolding, Middelfart und Fredericia ein besonders intensiv genutzter Ballungsraum. Denn ausgedehnte Wohnsiedlungen, Industrieanlagen und Verkehrswege bestimmen an dieser Stelle das Bild. Hier queren die wichtigsten Verkehrswege Dänemarks - Eisenbahn und Autobahn E 20 - den Kleinen Belt.

Dort wo sich der Kleine Belt nach Süden hin öffnet, liegen der schmale, weit ins Land eingreifende Haderslev Fjord und der buchtenartige Åbenrå Fjord. Dieser Teil der südjütländischen Ostküste wartet auf mit den für die ganze Beltsee charakteristischen Küstenbildern: Nehrungen haben hier und da (wie bei Heijlsminde) eine kleine Bucht abgeschnürt und einen Strandsee entstehen lassen. An anderen Buchten (wie an der Sandvig bei Kelstrup) liegen schöne sandige Strände. Es gibt sogar (wie am Halk Hoved oder am Søderballe Hoved) aktive Kliffs, an denen das Hochwasser bei Nordost kräftig arbeitet.

Sundeved und Alsen

Der Alsfjord trennt die Insel Alsen (Als) von der Halbinsel Sundeved. Sein ehemaliges Gletschertal gabelt sich nach Süden in Augustenborg Fjord und Als Sund. Letzter verengt sich in Sønderborg zu einem nur reichlich 100 Meter breiten Wasserlauf, in dem oft beachtliche Ausgleichströmungen zu beobachten sind. Von dem nahe gelegenen, für die dänisch-deutsche Geschichte so bedeutungsvollen historischen Boden der Düppeler Schanzen reicht der Blick weit über die Sønderborg Bucht auf die Südküste von Alsen und hinüber nach Schleswig-Holstein. Eine ähnlich gute Aussicht bietet der Moränenhügel des Dynt auf der Halbinsel Broager Land. Alsen selbst hat an der Küste - neben einigen besonders bei deutschen Urlaubern sehr beliebten Campingplätzen - auch zwei sehenswerte Küstenabschnitte zu bieten: Westlich Fynshav (Fähre nach Fyn) säumt ein ausgedehntes Waldgebiet auf viele Kilometer Länge die sanft geschwungene nordöstliche Außenküste, mit Blick hinüber nach Fyn - ein ideales Wandergebiet. Der prächtige Buchenhochwald mit seinen zahlreichen Frühblühern reicht bis an das niedrige, bewachsene Kliff, vor dem ein gut sortierter Kies- und Geröllstrand für derzeit wenig Küstendynamik spricht. Ein anderes schönes Ufer erstreckt sich zwischen der Stadt Sønderborg und dem östlich gelegenen Ort Hørup mit seinem idyllischen Fischer- und Sportboothafen. Der Wanderweg führt längs des sandigen, aktiven Hochufers und vorbei an einem dem einstigen Kliff vorgelagerten, durch Strandwälle abgeschnürten Strandsee mit reichem Vogelleben.

▶ *Blick von Alsen über die Flensburger Förde nach Angeln. - Von den hoch gelegenen Feldern der Halbinsel Kegnæs reicht der Blick weit nach Süden, über den östlichsten, breitesten Teil des Meeresarmes, bis hin zur deutschen Küste.*

Vom Leuchtturm bei Augustenhof im äußersten Nordwesten Alsens hat man eine weite Sicht auf die Küstenlandschaft am Kleinen Belt.

Die Flensburger Förde

Im innersten Teil der Flensburger Förde, direkt an der dänisch-deutschen Grenze bei Flensburg liegt an der Kupfermühlen-Bucht (Kobbermølle Bugt) der westlichste Punkt aller Ostseeufer. Durch ihre Umrandung aus bewaldeten Endmoränen erhält die im Tal der Förde gelegene Stadt ihren anheimelnden Charakter. Die Flensburger Förde gilt als ideales Wassersportrevier. Wer die schönsten Abschnitte dieses Meeresarmes jedoch vom Land aus erleben möchte, dem sei eine Fahrradfahrt längs der Küstenstraße auf dänischer Seite oder eine Wanderung zum Holnis-Kliff am Südufer empfohlen. Die Holnis-Halbinsel trennt Innenförde von Außenförde. Hier beschreibt das Gewässer eine „scharfe, enge Kurve" um einen etwa 20 Meter hohen Moränenhügel, der eine weite Aussicht bietet. Das sehenswerte Holnis-Kliff ist heute als Naturdenkmal geschützt.

Ausgleichsküste von Angeln und Schwansen

Die Südküste der Flensburger Außenförde östlich Glücksburg ist eine Ausgleichsküste, die neben einigen interessanten Geschiebemergel-Steilufern (z. B. bei Habernis) auch flache Aufschüttungsbereiche, d. h. sandige Strände hat. Die unter Naturschutz stehende Geltinger Birk bildet eine besonders große, aus gestaffelten Strandwällen entstandene Aufschüttungsebene, ein Höft-

◄ *Außenküste der Insel Alsen westlich von Fynshav. - Der ausgedehnte Uferwald zählt zu den schönsten und größten an der Fördenküste. Er wird daher von Urlaubern als Ausflugsziel besonders geschätzt.*

▲ *Im Süden der Insel Alsen. - Blick von Torsthoved (Halbinsel Kegnæs) auf das Kliff zwischen Sønderborg und Høruphav - eines der wenigen aktiven Steilufer der Fördenküste mit bemerkenswertem Küstenrückgang.*

land. Das dadurch abgeschnürte Beveröer Noor ist längst verlandet und entwässert. Geblieben ist das Geltinger Noor, eine von brütenden und rastenden Wasservögeln bevorzugte Bucht.

Im großen sanften Bogen erstreckt sich die Küste von der Geltinger Birk bis kurz vor Eckernförde. Auf diesem rund 40 Kilometer langen Küstenabschnitt hat die Ostsee ihre Ufer bereits so weit geglättet, dass weder Halbinsel noch Bucht stören: die Halbinseln (wie die einst vor dem noch immer besonders aktiven Schönhagener Kliff gelegene) wurden abgetragen, die Buchten durch Nehrungen abgeschnürt und zu Strandseen (wie der Schwansener See). Lediglich die Bauten des Menschen - die Hafenmolen an der Schleimündung und die vor Damp - unterbrechen die bei Sommerurlaubern beliebte Ausgleichsküste mit ihren Sand- und Kiesstränden.

Die Schlei

Auch die Schlei ist eine Förde - eine ganz besonders langgestreckte und schmale. Das 43 Kilometer lange Gewässer besitzt sehr abwechslungsreiche Ufer. An vielen Stellen erinnert aber nur das salzige Wasser in der Schlei und die darin zum Laichen binnenwärts ziehenden Heringe an einen Meeresarm. Mehr noch weist der oft stark schwankende Pegel auf die Verbindung zum Meer hin. Im innersten Teil der Schlei muss man bei Sturmhochwasser sogar, durch Windstau bedingt, mit besonders hohem Wasserstand rechnen. In Schleswig zeigte der Pegel beim „Jahrhundert-Hochwasser" von 1872 exakt 3,49 Meter - die höchste Marke an der deutschen Ostseeküste überhaupt! Und bei Niedrigwasser muß die Schleifähre bei Missunde nicht selten ihren Betrieb einstellen.

Vor der einst breiten Öffnung der Schlei zur Kieler Bucht hat das Meer in den vergangenen Jahrhunderten - von Süden und von Norden her - beachtliche Massen an Sand zu zwei Haken aufgeschüttet. So war schließlich um 1780 die Schleimündung für Schiffe nahezu unpassierbar geworden. Deshalb schuf man an der Basis des südlichen Sandhakens einen Durchstich. So entstand die heute mit einem Leuchtturm versehene Lotseninsel, ein besonders interessantes Seevogelschutzgebiet.

Die Landschaftsbilder an der Schlei wechseln: Die flache, breite Außenschlei verengt sich zwischen Rabelsund bei Kappeln und Missunde zur flussartigen Mittelschlei. Wie ein See wirkt dagegen die idyllische Innenschlei bei Schleswig mit dem Selker Noor. Dort liegt Haithabu. Dieser Platz war vor rund 1.000 Jahren nicht nur das Ziel der Wikingerschiffe, die auf der Schlei landeinwärts segelten. Haithabu gilt als eine der ersten Stadtgründungen rings um die Ostsee und lag natürlich an der sichersten Stelle - am äußersten Ende der Förde.

Eckernförder Bucht und Kieler Förde

Gegen Ende der letzten Vereisung schoben sich zwei Gletscherzungen von dem in der heutigen Kieler Bucht gelegenen Inlandeises nochmals hinein in Senken des bereits eisfreien Gebietes. Dabei entstanden jene beiden Förden, die heute dieses Küstengebiet dominieren - kurz und breit die Eckernförder Bucht, langgestreckt und schmaler die Kieler Förde.

Die zwischen beiden Förden liegenden Ufer des Dänischen Wohld besitzen bemerkenswerte Steilufer. Eine Wanderung von Dänisch Niehof über Stohl nach Bülk führt längs der Kliffs, die gegenwärtig einem jährlichen Küstenrückgang von 60 Zentimeter und mehr unterliegen - eine beeindruckende Küstendynamik in unmittelbarer Nähe der größten deutschen Ostseestadt.

Kiel liegt geschützt an der Förde, deren Ufer heute nur noch stellenweise natürliche Veränderungen zeigen. Dafür sind einige Stadtgebiete der schleswig-holsteinischen Landeshauptstadt bei Sturmhochwasser besonders gefährdet. Durch Windstau können hier sogar höhere Wasserstände als an der Außenküste auftreten.

Die Küste von Wagrien und Fehmarn

Die Ausgleichsküste östlich der Kieler Förde zwischen Laboe und Heiligenhafen bietet auffallende Kontraste in Landschaft und Nutzung. Die markanten Sandhaken des Bottsand (bei Wendtorf) und des Graswarder (bei Heiligenhafen) sind als Seevogelschutzgebiete ganz der Natur vorbehalten. In der sanft zur Ostsee hin abfallenden höhenreichen Endmoränenlandschaft Wagriens liegt, durch eine Nehrung völlig vom Meer abgeschnürt, der Große Binnensee - einer der größten und schönsten Strandseen an der deutschen Ostseeküste. In unmittelbarer Nachbarschaft dazu liegen stark frequentierte Erholungsgebiete mit teilweise extremer Belastung der Küste. So gilt heute der massige Hochhauskomplex auf dem Steinwarder bei Heiligenhafen rund um das mare balticum als Beispiel besonders fragwürdiger Küstenbebauung.

Ganz ähnlich kontrastreich zeigt sich die insgesamt 78 Kilometer lange Küste Fehmarns, der einzigen Ostseeinsel in Schleswig-Holstein. Weite Abschnitte der Flachküste im Südwesten, Westen und Norden sind eingedeicht. Nur an einigen Stellen, wie am Krummsteert bei Flügge oder am Markelsdorfer Huk, liegen davor sandige Aufschüttungen, die Heimat einer reichen Pflanzen- und Vogelwelt sind. Südlich von Burg befindet sich auf dem Sandhaken der Burgtiefe eine weitere Hoch-

◄ *Die Schlei bei Kappeln. - Dieses Gewässer ist kein Fluss, sondern ein schmaler, langgestreckter Meeresarm, die längste aller Förden. Davon zeugt auch der einzige noch funktionstüchtige Heringsfangzaun an der gesamten Ostseeküste: Heringe werden nur im Meer gefangen.*

burg des Tourismus mit drei landschaftsdominanten Hochhäusern. In Sichtweite davon gibt es am südöstlichsten Zipfel der Insel, am Staber Huk, eine mehrere Kilometer lange, naturbelassene Steilküste.

Die Lübecker Bucht und ihre Förden

Mit Bezeichnungen wie „Norddeutsche Riviera" oder „Badewanne der Hamburger" werben die viel besuchten Badeorte an der weitgehend ausgeglichenen Westküste der Lübecker Bucht. In deren südlichsten Teil liegen Travemündung und Hemmelsdorfer See - beides einstmals von Gletscherzungen ausgeschürfte Täler, die beim Anstieg des Meeresspiegels zu trompetenförmigen Förden wurden - zu Hemmelsförde und Traveförde. Zwischen beiden ragte ursprünglich eine über sechs Kilometer lange Halbinsel in die Lübecker Bucht hinein. In den vergangenen 6.000 Jahren wurde dieser Geschiebemergelsporn vom Wasser Jahr für Jahr um fast einen Meter zurückgeschnitten. Zurück blieb dort nur der Flachwasserbereich des Steinriffs.

Von dem abgetragenen Material (mehr als 50.000 Kubikmeter pro Jahr) wurde der ausgewaschene Sand, je nach Windrichtung, uferparallel nach Westen oder Osten transportiert und vor den Mündungstrichtern beider Förden angehäuft. So entstanden die schönen breiten Sandstrände vor Travemünde und Timmendorf. Aus der Hemmelsförde, die heute völlig vom Meer abgeschnürt ist, wurde ein Strandsee, der bis zu 44 Meter tiefe Hemmelsdorfer See. Durch die Nehrung des Priwall ist auch die Traveförde (heute Pötenitzer Wiek, Dassower See und Untertrave) weitgehend abgeschnürt. Doch die Strömung der Trave (und sicher auch der Bagger) haben verhindert, dass ihre Verbindung zum Meer - die eigentliche Travemündung - versandete.

Auch heute setzt die Ostsee zwischen den beiden Seebädern Travemünde und Timmendorfer Strand ihr Zerstörungswerk fort, besonders an dem noch immer etwas seewärts vorspringenden Brodtener Ufer. Eine Strand- oder Hochuferwanderung längs dieses beeindruckenden Küstenabschnittes vermittelt Bilder intensivster Küstendynamik. Tief im Inneren der Traveförde liegt geschützt die Hansestadt Lübeck, die einstmals mächtigste Stadt rings um die Ostsee. Bei einer Bootsfahrt von Travemünde nach Lübeck ziehen die vielfältigen Ufer der Untertrave vorüber. Das Lübecker Museum für Natur und Umwelt bietet Besuchern nicht nur instruktive Landschaftsmodelle zur Entstehung der Förde. Zu bestaunen sind auch zahlreiche prächtige Fossilien, die Sammler in Geschieben an den Ufern der Lübecker Bucht fanden.

◄ *Der Fährhafen von Travemünde ist - ebenso wie Kiel, Rostock und Sassnitz - ein wichtiges deutsches „Tor zur Ostsee".*

▲ *Das Ostseebad Travemünde mit seinem „Maritim" zählt zu den beliebtesten deutschen Ostseebädern.*

▼ *Der Priwall hat sich als breite, schützende Nehrung vor die Mündung der Trave-Förde gelegt.*

Folgende Seite:
Das Brodtener Ufer bei Travemünde weicht noch immer um mehr als einen halben Meter pro Jahr zurück - eine beeindruckende Küstendynamik in unmittelbarer Nähe der Touristenhochburgen an der Lübecker Bucht.

FÖRDEN, FJORDE, FJÄRDE?

Alle drei Begriffe stehen für ein und dasselbe Landschaftselement: für Täler, die vom Inlandeis ausgeschürft und später vom Meer überflutet wurden.

Für viele Leser verbindet sich der Begriff „Fjord“ sicher mit den schmalen, tiefen Buchten der norwegischen felsigen Steilküsten. Doch die Dänen verwenden ihn auch für jene langen, schmalen Meeresbuchten an den Flachküsten der Ostsee, zu denen die Deutschen „Förde“ sagen und die Schweden „Fjärd“. In diesem Buch werden bei den allgemeinen Beschreibungen nur die Begriffe Förde (für die entsprechenden Gewässer an der deutschen Küste) und Fjord (für die in Dänemark, Schweden und Finnland) verwendet. Alle die heute weit ins Land eingreifenden schmalen, langgestreckten Meeresarme von Förden und Fjorden wurden einst vom Eis geformt. Meist schürften jene Gletscherzungen den Untergrund aus, die sich von der Hauptmasse des Inlandeises in das Vorland schoben. An der deutschen und dänischen Küste war die Bahn dieser schmalen Gletscherzungen oft eine bereits vorhandene Rinne - ein „Tunneltal“, das unter dem Inlandeis fließende Schmelzwasserströme schon lange vorher ausgeschürft hatten.

Förden spielten für den Menschen als Siedlungsraum eine besondere Rolle. Man suchte zwar gern die Nähe des Meeres, das seit dem frühen Mittelalter über viele Jahrhunderte wichtigster Verkehrsweg war. Aber man baute die Städte und Häfen gern an möglichst geschützter, vor Wetter und Feinden sicherer, weit landeinwärts gelegener Stelle. So bildeten gerade die Förden besonders interessante Siedlungsplätze. Einige der im Mittelalter entstandenen dänischen und deutschen Küstenstädte liegen in den innersten Bereichen der Förden und Fjorde: Kolding, Odense, Roskilde, Flensburg, Schleswig, Eckernförde, Kiel und Lübeck.

Entstehung einer Förde:

A Ein vorhandenes Tal wird durch eine Gletscherzunge ausgeschürft.

B Nach dem Abschmelzen des Eises durchströmt ein Fluß das Tal.

C Beim Anstieg des Wasserspiegels wird das Tal zum Meeresarm.

Der Koldingfjord
Blick über die Förde nach Osten zur engsten Stelle des Kleines Belts bei Middelfart.

INSELKÜSTEN DÄNEMARKS

in der Beltsee

Sechs große Inseln - Seeland, Fünen, Lolland, Falster, Langeland und Møn - sowie zahlreiche kleinere bilden im westlichsten Teil der Ostsee einen Archipel mit „mehr Inseln als Meer". Alle diese dänischen Inseln haben „weiche" Ufer, ganz so wie man sie von der deutschen Ostseeküste her kennt. Auch die Küstenformen sind sehr ähnlich. Manche erinnern an vorpommersche Bodden, manche an schleswig-holsteinische Förden. Nur an den Außenküsten zum Kattegat und zur freien Ostsee hin zeigt sich die Uferlinie stärker geglättet.

Für dieses dänische Inselreich trifft die Bezeichnung „ertrunkene Landschaft" besonders zu. Beim Anstieg des Meeresspiegels überflutete hier die Ostsee alle tief gelegenen Areale und schuf diesen Archipel. Da sich die gewaltigen Kräfte des Meeres in der Enge der Inselwelt nur wenig entfalten konnten, ist die Küste meist noch reich gegliedert. An vielen Stellen der zahlreichen kleineren Buchten, Fjorde und Sunde findet man Inselkerne im „Westentaschenformat", modellartige Sandhaken und Nehrungen. Mit zahlreichen, oft nur winzigen Naturreservaten schützen unsere dänischen Nachbarn solche landschaftlichen Kleinode rings um ihre Inseln. Nur einige besonders interessante Küstenabschnitte können hier beschrieben werden.

Seelands Nordküste

Am Kattegat zwischen Helsingør und Hundested trägt das bogenförmig verlaufende Ufer der größten dänischen Insel alle Merkmale einer Ausgleichsküste. Obwohl von den anstürmenden Wellen oft besonders hart bedrängt, ist die Küste nur noch an wenigen Stellen von der Abtragung betroffen. Die meisten der hohen Kliffs, an denen früher das Wasser arbeitete, sind heute inaktiv und längst bewachsen - wie auch der etwas höher gelegene Teil des Strandes davor. „Strand des Steinzeitmeeres" sagen die Dänen zu diesem Areal, das vor etwa 4.000 Jahren vor den damals aktiven Kliffs aufgeschüttet wurde. Seither hat sich hier die Küste insgesamt um wenige Meter gehoben, sodass der Strand nicht mehr der Brandung ausgesetzt ist. Im nördlichen Seeland, wo man derartige fossile Strände an vielen Stellen beobachten kann (auf einigen stehen sogar Ferienhaussiedlungen), kommt also die nach Norden hin zunehmende Landhebung bereits zur Wirkung.

Von der Nordküste tief in die Insel hinein erstrecken sich die Gletscherzungenbecken des breiten Isefjords und des schmaleren Roskildefjordes. Beide besitzen boddenartige Weitungen und reich gegliederte Ufer. Roskilde, die alte Hauptstadt des Königreichs, liegt stolz auf einem Hügel an der innersten Bucht des Fjordes. An der Nordwestküste Seelands wechseln sandige Buchten und Dünenheide mit besonders weit ins Meer hinein reichenden, schmalen Halbinseln: Sjælands Odde, Røsnæs und Asnæs. Es sind die stabilen „Rippen" einst wesentlich größerer, langgestreckter Halbinseln aus Moränenmaterial.

► *Møns Klint - das höchste aller Ostseeufer - bildet mit seinen markanten Kreidekliffs die Ostküste der Insel Møn.*

◄ *Die Halbinsel Røsnæs schiebt sich als Höhenrücken weit in den Großen Belt hinein. Im Strandgeröll wächst der Meerkohl.*

SJÆLLANDS ODDE
Helsingør
Isefjord
VEN
SAMSØ
Øresund
RØSNÆS
Kalundborg
Fredericia
HINDSHOLM
Store Bælt
SEELAND
Roskilde
Kolding
Middelfart
FÜNEN
KOPENHAGEN
Odense
Køge Bugt
Slagelse
Kingsted
Køge
Nyborg
Assens
Næstved
Rødvig
STEVNS KLINT
Fakse Bugt
Lille Bælt
Fåborg
Svendborg
Smålandsfarvandet
NYORD
KNUDSHOVED ODDE
Vordingborg
TÅSINGE
LANGELAND
ALSEN
Rudkøping
Stege
Ærøskøbing
FEMØ
Sønderborg
FEJØ
MØN
MØNS KLINT
ÆRØ
Hjelm Bugt
Marstal
Nakskov
Maribo
FALSTER
LOLLAND
DOVNSKLINT
Nykøping
Langelands Bælt
Femernbelt
Rødby
RØDSAND
Kieler Bucht
Gedser
GEDSER ODDE
FEHMARN

Stevns Klint

Von weitem ähneln die weißen Steilufer der Halbinsel Stevn im Südosten von Seeland den Kreidekliffs von Møn und Rügen. Aber der Schein trügt. Zwar gibt es auch am Stevns Klint etwas Schreibkreide. Die findet man allerdings nur am Fuße der senkrechten Wände, unmittelbar über dem Feuersteinstrand. Darüber liegen die Schichten eines jüngeren, kreideähnlichen Gesteins: ein hellgrauer Kreidekalk aus dem Tertiär. Auch er wird von Schichten knolliger Feuersteine durchzogen. Dieser Kalkstein ist aber härter als die Schreibkreide und wurde an vielen Stellen der Steilufer abgebaut. Längst ruht dieser Steinbruchbetrieb. Geblieben sind auffällige Schnittflächen - die Spuren der großen Handsägen, mit denen die Kalksteinblöcke aus den Steilufern herausgeschnitten wurden.

Heute ist der exponierte, etwa 15 Kilometer lange Küstenabschnitt von Stevns Klint mit seinen markanten Kliffs ein viel besuchtes Ausflugsziel. Eine Wanderung von Rødvig oder Højerup führt zu den interessantesten Uferpartien. Manche Wanderer interessiert die wenig auffällige, dünne graue Mergelschicht zwischen Schreibkreide und Kreidekalk. Sie ist weltberühmtes Zeugnis einer gewaltigen Katastrophe der Erdgeschichte. Ihr hoher Gehalt an Iridium lässt erkennen, dass sie kurz nach dem Einschlag jenes gigantischen Meteoriten an der Wende Kreide/Tertiär abgelagert wurde, der vermutlich vor etwa 68 Millionen Jahren das gesamte Leben auf der Erde gravierend beeinflusste.

◄ *Nordküste der Insel Seeland bei Liseleje. - Unzählige Sommerhäuser liegen an den nördlichen Ufern der dänischen Hauptinsel. Nur das auf einer weiten Sandfläche wachsende Waldgebiet von Tisvilde Hegn östlich von Liseleje blieb von der Bebauung verschont.*

▼ *Nordküste der Insel Seeland bei Rågeleje. - Das Kliff des Litorinameeres, an dem die See noch vor 4.000 Jahren kräftig arbeitete, ist längst inaktiv und bewachsen. Der durch die Landhebung höher gelegene „Steinzeitstrand" wurde teilweise sogar schon bebaut.*

Fyns Hoved

An der Spitze der Halbinsel Hindsholm im Nordosten von Fünen liegt eine reich gegliederte, „kleinteilige" Küstenlandschaft, wie man sie ähnlich auch an einigen anderen Stellen der dänischen Inseln entdecken kann. Die Entstehung des modellartigen Systems von Inselkernen, Sandhaken und Nehrungen lässt sich bei einer Wanderung über die Trockenrasenhügel am Fyns Hoved besonders gut erleben und begreifen. Denn noch immer funktionieren hier die Abtragung am Steilufer, der küstenparallele Transport des Lockermaterials, seine

▲ *Dronningestolen, der Königinnenstuhl, am Store Klint auf Møn. - 127 Meter ragt diese beeindruckende Kreidewand empor. Sie ist das höchste aller Ostseeufer.*

◄ *Inselkern am Ostufer des Roskildefjords. - Einst brandeten die Wellen von allen Seiten gegen die kleine Insel, die nur wenige Kilometer nördlich von Roskilde liegt. Durch gelinde Landhebung wächst sie nun langsam mit dem Festland zusammen. Auf den schlammigen Verlandungsflächen entwickeln sich allmählich Uferwiesen mit interessanter Pflanzenwelt.*

Ablagerung als Sandriff in Ufernähe und schließlich - während eines Sturmhochwassers - die Anhäufung von Sand und Kies zu Strandwällen.
Solche aus Strandwällen aufgebaute Sandhaken sind beliebte Brut- und Rastplätze von Wasservögeln. Durch die damit verbundene natürliche Düngung gedeihen gerade hier am Fyns Hoved stellenweise solche „Salzpflanzen" wie Stranddistel oder Meerkohl besonders prächtig.

„Südseeinseln"

In der „dänischen Südsee", wie das Gebiet im Süden von Fünen (Fyn) oft scherzhaft genannt wird, bestimmen zahlreiche kleine Inseln das Landschaftsbild. Mancher mag dieses Inselmeer mit dem Schärenmeer vergleichen, dessen Inseln aber ganz anders entstanden und beschaffen sind. Mit seinen weißen Stränden, Sandhaken und Sandbänken erinnert das bei Wassersportlern überaus beliebte Gebiet tatsächlich ein wenig an südlichere Meeresküsten - besonders bei Sommersonnenschein. Die größeren der kleinen Inseln - Lyø, Avernakø, Drejø, Skarø und Strynø - sind Inselkerne aus eiszeitlichen Ablagerungen, manche Winzlinge bestehen nur aus Strandwällen.
Kleinere „Inselmeere" gibt es auch an der Nordküste von Lolland und vor Nakskov im Westen dieser Insel. Südwestlich von Nakskov liegt Albuen, der wohl schönste und längste Sandhaken aller dänischen Inseln - ein besonders lohnendes Ziel für Strandwanderer. Vom südlichsten Punkt Lollands aus erstreckt sich ein anderer markanter Sandhaken weit nach Osten: der Rødsand. Als breites Riff setzt er sich über 25 Kilometer sogar bis hinüber zur Südspitze von Falster bei Gedser fort. Niedrigwasser lässt weite Teile dieser Sandaufschüttung trocken fallen. An einigen Stellen sind auf ihr - weit draußen im Meer - bereits kleine, langgestreckte Inseln entstanden, die stellenweise schon Bewuchs zeigen. Man darf gespannt sein, wie sich dieses Bauwerk des Meeres in den nächsten Jahrzehnten weiter entwickeln wird. Heute ist es erst einmal wichtiges Refugium für die Robben der westlichen Ostsee.

◀ *Kreidezinne Græderen am Store Klint auf Møn. - Die rund 100 Meter hohe Zinne zählt zu den spektakulärsten aller „Kreidefelsen". Die Kreidekliffs auf Rügen und Møn gelten vielen als die schönsten aller Ostseeufer und zeigen zahlreiche Gemeinsamkeiten. Die Ufer auf Møn sind insgesamt etwas höher. Sie besitzen zudem viele bizarre Zinnen und Klippen, die auf Rügen eher die Ausnahme bilden. Beide Inseln liegen übrigens in Sichtweite: Die Kreidekliffs auf Møn sind vom Kap Arkona auf Rügen gut erkennbar.*

Kreideküste auf Møn

Møns Klint, das etwa acht Kilometer lange Kreidekliff an der Ostseite der Insel ist zweifellos das höchste und bestimmt auch das schönstes Hochufer Dänemarks. Sein höchster Punkt am Dronningestolen, dem Königinnenstuhl, wird mit einer Höhe von 128 Metern von keinem anderen Ostseeufer übertroffen. Bei guter Sicht erkennt man Møns Klint aus über 60 Kilometer Entfernung sogar von der deutschen und schwedischen Küste aus. Dieses Kliff besteht aus der gleichen Schreibkreide wie das Steilufer im Nationalpark Jasmund auf Rügen. Die beiden spektakulären Hochufer besitzen viele Gemeinsamkeiten - das charakteristische Gestein, die Einlagerungen, die Uferformen, die ostexponierte Lage oder den herrlichen Buchenwald als Krönung. Wer entscheiden möchte, welches der beiden Hochufer das schö-

KREIDEKÜSTEN

Die Kreideküste im Nationalpark Jasmund zwischen Sassnitz und dem Königsstuhl auf Rügen

Die Wissower Klinken an der Kreidesteilküste auf Rügen

Auf den ersten Blick sind sie einander zum Verwechseln ähnlich - die markanten Kreidesteilufer auf Rügen und Møn. Es sind nicht nur die höchsten Kliffs rund um die Ostsee. Sie zählen auch zu den allerschönsten Ufern am Baltischen Meer.

Die Schreibkreide als Ablagerung eines warmen, flachen Meeres entstand vor etwa 80 Millionen Jahren, gegen Ende der Kreidezeit, im nördlichen Teil der Mitteleuropäischen Senke. In weiten Teilen des südwestlichen Ostseeraums liegen heute die Kreideschichten direkt unter den eiszeitlichen Ablagerungen. Erdinnere Kräfte haben die Kreideschichten auf Rügen und Møn während der Eiszeit stellenweise hoch gepresst. Das Inlandeis der letzten Vereisung schob danach die Schichten dachziegelartig übereinander. So entstanden die heutigen Lagerungsverhältnisse, die an den Kliffs auf Rügen und Møn gut erkennbar sind: Zwischen den einzelnen großen Kreidekomplexen liegen streifenartig eiszeitliche Ablagerungen - Geschiebemergel und Schmelzwassersande.

Die weiße Schreibkreide ist ein organisch entstandenes Sedimentgestein - sie enthält etwa 98 % Kalk (Kalziumkarbonat - $CaCO_3$) und besteht fast ausschließlich aus den Schalenresten winziger Meeresorganismen. Der allergrößte Teil davon ist nur im Elektronenmikroskop erkennbar. Die Bezeichnung „Schreibkreide" leitet sich übrigens her von der früheren Verwendung des weichen, weißen Kalkes. Aus der aufgeschlämmten und wieder getrockneten Kreide - der „Schlämmkreide" - stellte man auch Tafelkreide her. Noch heute ist die Schreibkreide unverzichtbarer Bestandteil von Farben, Papier und Kunststoffen. Bei Sassnitz auf Rügen wird sie abgebaut.

Dort, wo heute Schreibkreide an den steilen Kliffs abbricht und vom anstürmenden Wasser ausgewaschen wird, bleiben am Strand jene gröberen Dinge zurück, die ursprünglich in der Kreide eingeschlossen waren - hauptsächlich Feuersteinknollen. Der schwarze Feuerstein mit seiner weißen Rinde bildet die weitaus häufigste Einlagerung in der Kreide.

Linke Seite:
Stevens Klint bei Højerup auf Seeland. - Das weit bekannte Kalksteinkliff im Osten der Halbinsel Seeland ähnelt von fern einem Kreidekliff. Doch nur an seiner Basis findet man Schreibkreide. Das kreideähnliche Gestein darüber ist jünger - es entstand im Tertiär. Zwischen beiden liegt eine dünne graue Tonschicht, die viele Fachleute hierher lockt. Da in ihr ein ungewöhnlich hoher Gehalt an Iridium festgestellt wurde, sehen viele darin einen Beweis für einen gigantischen Meteoriteneinschlag auf der Erde. Dieser war vermutlich die Ursache dafür, dass damals - vor 65 Millionen Jahren - zahlreiche Tiergruppen ausstarben.

◄ *Kliff bei Hesnæs im Nordosten der Insel Falster. - Die vom weitläufigen Buchenhochwald des Korseliste Østerskov gesäumte Küste gehört zu den besonders naturschönen Arealen an den Ufern der dänischen Inseln. Wie an vielen anderen Stellen handelt es sich hier um ein Steilufer aus Geschiebelehm, das in der Vorfrühlingssonne besonders warme Farben zeigt.*

Er besteht aus „Kieselsäure", aus Chalzedon (Siliziumdioxid - SiO2), und entstand aus der Skelettsubstanz von Kieselalgen und Kieselschwämmen. Feuerstein, Stahl und Zunderschwamm bildeten früher das Feuerzeug - daher der Name.

Zwischen dem Feuersteingeröll findet der aufmerksame Strandwanderer aber auch die versteinerten Reste jener Meerestiere, die einst im Kreidemeer lebten. Donnerkeile, Seeigel und Dickmuscheln zählen zu den besonders beliebten Ostseeurlaubs-Souvenirs. Feuerstein und Kreidefossilien wurden während der Eiszeit über ein weites Gebiet verstreut und sind deshalb auch an allen anderen Geröllstränden der südwestlichen Ostsee zu finden.

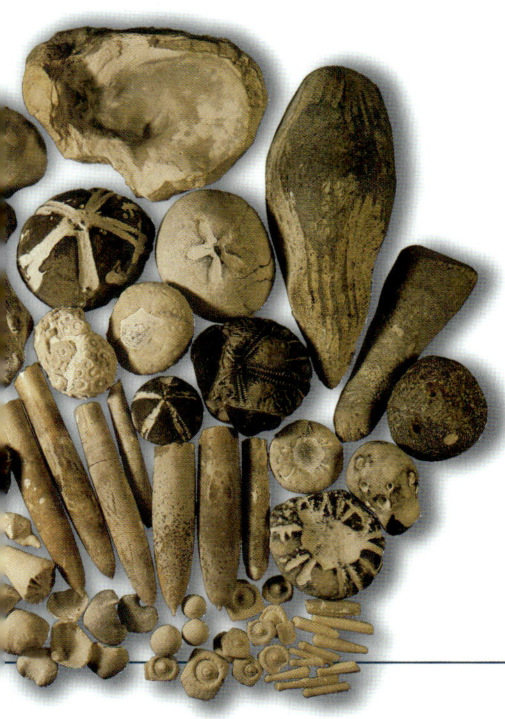

Charakteristische Fossilien aus der Schreibkreide Seeigel, „Donnerkeile" (Reste von Tintenfischen), „Dickmuscheln", Schwämme, Einzelkorallen, Armfüßer und andere.

nere ist, der wird wohl in ähnlicher Situation sein wie jemand, der einer von zwei besonders schönen Schwestern den Vorzug geben soll.
Es gibt drei gute „Einstiege" für die Küstenwanderungen auf dem Hochuferweg oder am Geröllstrand. Ganz im Süden startet man am Leuchtturm - dort wo das Steilufer noch niedrig ist und das freie Feld bis an die Kliffkante reicht. Die meisten Besucher kommen auf der Straße quer durch den Klintewald zum großen Parkplatz am Store Klint und steigen dort zum Strand ab. Ganz im nördlichen Teil, am Lille Klint, führt der Weg vom zauberhaften Schlosspark Liselund direkt ans Ufer. Insgesamt gibt es längs der Steilküste fünf gut begehbare Abstiege zum Strand. Wer sich mit der überall angebotenen kleinen Wanderkarte orientiert, findet diese Stellen ebenso eingezeichnet wie die Namen jeder einzelnen markanten Kreideklippe: Ørekulen, Græderen, Forchhammers Pynt, Store Taler...

► *Dovnsklint, die Südspitze der Insel Langeland. - Ein kleiner Inselkern wird von der Ostsee langsam abgetragen und bildet so das markante Steilufer. Dovnsklint ist Start oder Ziel vieler Zugvögel beim Flug über die Ostsee und daher ein besonders günstiger Punkt für Vogelbeoachtungen. Auch die Angler mögen dieses Kap: Hier fängt man häufig Meerforellen.*

▼ *Porphyrgerölle von einem Geschiebestrand an der südwestlichen Küste der Ostsee. - Nur an wenigen anderen Küsten auf der Erde findet man so vielfältige Strandgerölle wie hier an der Beltsee. Hunderte verschiedener Gesteinsarten und -varietäten wurden vom Inlandeis hinterlassen. Alle hier zusammengelegten Gerölle bestehen aus Porphyr, einem vulkanisch entstandenen Gestein, das in besonders vielen verschiedenen Ausbildungen zu finden ist.*

DIE KÜSTE MECKLENBURGS

Ufer zwischen Trave und Recknitz

Nur eine große tiefe Bucht unterbricht den Verlauf der sanft geschwungenen mecklenburgischen Ausgleichsküste. Die Wismarbucht mit ihren Seitenarmen stößt so tief gegen die Endmoränenhöhen ihrer Umrandung vor, dass ihr südliches Ende nahe der Hansestadt Wismar den südlichsten Punkt der gesamten Ostsee bildet. Eine breite Gletscherzunge schürfte gegen Ende der letzten Vereisung diese flache Senke der heutigen Bucht aus. Östlich und westlich von ihr verläuft die Küste „störungsfrei".

Die östlichen Ufer der Lübecker Bucht sind ihre höchsten. Das wird besonders deutlich beim beeindruckenden Ausblick vom Travemünder Hotel „Maritim" über die Lübecker Bucht sowie über den Küstensaum von Ostholstein und Westmecklenburg. Er zeigt auch die völlig unterschiedliche Nutzung der Küste. Die westlichen Ufer der großen Bucht sind überall bebaut, Hochhäuser dominieren das Landschaftsbild.

Großklützhöved

Die mecklenburgische Küste zwischen Travemünde und Boltenhagen, jenseits des Priwall, ist dagegen ein unbebautes Steilufer aus eiszeitlichem Moränenmaterial. Teils mit Uferbewuchs, teils völlig kahl - hier und da mit kleinen Resten des einst überall die Küste säumenden Uferwaldes (wie beispielsweise das Brooker Holz) - vermitteln diese Ufer ein vom Menschen nur wenig beeinflusstes Bild. Vom durchgehenden Hochuferweg bieten sich nicht nur weite Aussichten auf die Lübecker Bucht und deren Westufer, sondern auch gute Einsichten in die bemerkenswerte Dynamik dieser Küste. Gewaltige Rutschungen führen an manchen Stellen zum langsamen Abgleiten ganzer Uferpartien. Das kann man besonders gut nach langen Regenperioden an dem 30 Meter hohen Kliff des Großklützhöved und am westlich davon gelegenen Kleinklützhöved beobachten. An diesen Stellen wirken die Naturkräfte völlig ungestört. Von hier braucht der Wanderer nur eine halbe Stunde bis nach Boltenhagen, um sommertags mitten im Urlaubertrubel zu sein. Ob er weiß, dass der Sand für die schönen Strände des Ostseebades aus den Uferabbrüchen am Klützhöved stammt?

Die Wismarbucht

Die in weiten Schwüngen verlaufenden Ufer der Wismarbucht zeichnen jenen gewaltigen Gletscher nach, der vor ungefähr 16.000 Jahren an ihrer Stelle lag. Schützend liegt die Insel Poel vor der Wismarbucht. Östlich davon trennt die Halbinsel Wustrow das Salzhaff bei Rerik von der freien See. Zwischen beiden liegt der Boiensdorfer Werder. Auch an diesen Inselkernen hat der Küstenausgleich seine Spuren hinterlassen. Sandhaken und Strandseen entstanden, wie beispielsweise Rustwerder und Fauler See im Süden von Poel - heute ein besonders interessantes Naturschutzgebiet mit reicher Tier- und Pflanzenwelt. Die kleine Insel Langenwerder vor der Nordostecke Poels besteht nur aus Strandwällen, auf deren Kämmen im Sommer die Grasnelken üppig blühen. Durch das flache Wasser könnte man zu ihr hinauswaten. Das aber verbietet der Naturschutz, denn der Langenwerder ist eine Vogelschutzinsel, über der zur Brutzeit im Frühling kreischend die Möwenschwärme fliegen.

Am Küstensaum der Halbinsel Wustrow, jahrzehntelang militärisches Sperrgebiet, und auf dem von ihr nach Westen fingernden Sandhaken des Kieler Ortes hinterließ der Mensch in jüngster Zeit kaum Spuren. So konnten sich Kliff und Strand stellenweise völlig ungestört entwickeln und stehen deshalb heute im Kontrast zum intensiv genutzten und künstlich geformten Ufer bei Rerik.

Heiliger Damm und Gespensterwald

Das Ostseebad Heiligendamm erhielt seinen Namen von einem gewaltigen Strandwall aus grobem Geröll - dem „Heiligen Damm" - der Sage nach ein Werk des Teufels, den das Meer bei einem schweren Sturmhochwasser im Mittelalter aufschüttete. Als natürlich entstandener

► *Der „Gespensterwald" bei Nienhagen westlich Warnemünde. - So wie dieses Steilufer mit seinem skurrilen Buchenhochwald haben früher viele Hochufer an der südlichen Ostsee ausgesehen - bevor der Mensch die Wälder rodete und der fruchtbare Lehm zu Ackerboden wurde.*

10
9

Schutzdeich bewahrt er noch heute, vom Menschen verstärkt und erhöht, die einstige Bucht der Conventer Niederung vor Überflutungen.

Das steile Geschiebelehmufer bei Nienhagen krönen skurrile Baumstämme. Dieser „Gespensterwald", ein besonders schöner Buchenhochwald, lässt ahnen, wie die mecklenburgischen Steilküsten vielerorts ausgesehen haben mögen, als der Mensch noch nicht die Axt an die Wälder gelegt hatte. Heute reichen dort oft die blühenden Rapsfelder bis an die Kliffkante.

Die Mündung der Warnow

Flussmündungen an Ausgleichsküsten sind Konfliktbereiche: Das Meer schüttet sie zu, der Fluss sucht sich einen anderen Weg, der Mensch möchte die Mündung als Hafeneinfahrt nutzen. Also schafft er einen künstlichen Durchbruch, baut Molen und baggert die Zufahrt aus. Das tat er auch in Warnemünde, an der Mündung der Warnow. Ihr einst fördenartiger Mündungstrichter wurde durch eine Nehrung abgeschnürt und zum heutigen Breitling. Der Fluss hatte also echte „Mündungsprobleme" - der Mensch hat sie gelöst. Aber die Molenbauten an der gebaggerten Warnowmündung unterbrechen den natürlichen Materialtransport von West nach Ost. Vor der Westmole häuft sich jetzt der Sand an und bildet den herrlich breiten Badestrand. Doch im Osten fehlt der Sand. Dort hat die eigentlich glatt verlaufende Küstenlinie einen Knick und ist um viele hundert Meter nach Süden versetzt.

Auch Warnemünde hat sein Hochhaus - das Hotel „Neptun", das einen ähnlich weiten Ausblick auf die Küste bietet wie das „Maritim" in Travemünde. Im Süden erkennt man die Türme der weit landeinwärts an der Warnow liegenden Hansestadt Rostock.

Heidesandkliffs und Hochmoore

Östlich Markgrafenheide bildet ein niedriges Kliff aus „Heidesand" das Ufer vor dem Waldgebiet der Rostocker Heide. Es ist das einzige Ostseeufer, an dem solche „Sandersande" auf viele Kilometer Länge anzutreffen sind. Gebildet hat sich dieser Schmelzwassersand vor ca. 13.000 Jahren beim Tauen des letzten Eises. Im Anschnitt am Kliff zeigt er Bodenprofile mit auffallend farbigen Horizonten. Die rotbraunen Bereiche sind durch Eisenverbindungen verfärbter und verfestigter Sand, sogenannter Ortstein. Große Klumpen davon bleiben liegen, wenn das Wasser am Steilufer arbeitet. Dabei hat es wenig Mühe, denn das Sandkliff ist meist nicht höher als zwei Meter. So kommt es, dass hier ein einziges

◄ *Badeleben am Strand vor Kühlungsborn. - Das beliebte Ostseebad bietet Sommergästen nicht nur schöne Sandstrände vor einer angenehmen Architektur, sondern auch - im Hinterland - das große Waldgebiet auf den Endmoränenhügeln der Kühlung als Ausflugsziel.*

Mecklenburger Bucht
Schleswig-Holstein
Lübecker
Bucht
Neustadt
Timmendorf
Travemünde
Lübeck
Boltenhagen
Grevesmühlen
POEL
WUSTROW
Wismar
Kühlungsborn
Bad Doberan
Rostock
Warnemünde
Graal-Müritz
Ribnitz-Damgarten
Mecklenburg

Sturmhochwasser das Ufer im Laufe weniger Stunden um bis zu 40 Meter zurückschneiden kann.
Östlich von Graal-Müritz liegen hinter dem hohen Dünendeich ausgedehnte Küstenhochmoore. Durch das Große Moor führen Wanderwege, auf denen man eine besonders eigenartige Küstenlandschaft erlebt.

◄ *Großklützhöved bei Boltenhagen. - Am höchsten mecklenburgischen Steilufer gibt es immer wieder Rutschungen und Abbrüche. Der durchgehende Hochuferweg bietet gute Einsicht in diese Küstendynamik - auch dann, wenn der Strand hin und wieder durch aufgeweichten Lehm völlig unpassierbar ist.*

▲ *Strand von Markgrafenheide. - Ununterbrochene breite Sandstrände erstrecken sich von der Warnowmündung nach Osten - bis nach Vorpommern. Überall findet man hier Buhnen, die den beständigen Sandtransport längs der Küste verlangsamen sollen.*

Übernächste Seite:
Heidesandkliff der Rostocker Heide westlich von Graal-Müritz. - Nach einem schweren Sturmhochwasser bietet das niedrige Steilufer an vielen Stellen ein Bild der Zerstörung. Bei einem solchen Ereignis kann hier die Küste stellenweise um mehr als 20 Meter zurückweichen - an einem Tag!

▲ *Sandklaffmuscheln. - Die Schalen der größten Ostseemuschel sind überall an den südlichen Sandstränden zu finden.*

KÜSTE BEI STURM UND HOCHWASSER

Die Ostsee erscheint dem Sommerurlauber als ein stilles, ungefährliches Meer. Wer sie aber bei Winterstürmen und Sturmhochwasser erlebt, wird anders darüber denken. An der von den Gezeiten weitgehend unberührten Ostseeküste spricht man seltener von „Sturmflut" als von „Sturmhochwasser". Denn hohe Wasserstände kommen hier ausschließlich durch Sturm zustande - ebenso wie „Sturmniedrigwasser", das man aber inkonsequent meist als „Windebbe" bezeichnet.

Wenn andauernde West- oder Südwestwinde das Wasser der Ostsee in den Finnischen und Bottnischen Meerbusen drücken, so staut sich dort das Wasser. An der deutschen Ostseeküste herrscht dann Niedrigwasser - also Windebbe. Schlägt der Wind gerade in dieser Situation auf Nordost um und wird zum Sturm, dann strömt das Wasser mit großer Gewalt zurück und trifft als Sturmhochwasser auf die südwestliche Ostseeküste. Dort kann es schwere Zerstörungen verursachen: gewaltige Uferabbrüche, weggespülte Strände, zerstörte Küstenschutzbauten und beschädigte Molen. Das eindringende Hochwasser kann auch in den niedrig gelegenen Arealen der landeinwärts gelegenen Küsten- und Hafenstädte, die nicht durch Deiche geschützt sind, große Schäden anrichten.

Aber das Meer baut bei Sturmhochwasser an anderer Stelle auch auf: Es schüttet dabei jene Strandwälle auf, die Haken und Nehrungen wachsen lassen. Bei einem solchen Ereignis erhält die Küste an manchen Stellen durch Zerstörung oder Aufbau ein ganz anderes Gesicht.

Wasserstände am 13. 11. 1872

Flensburg 3,40 m über Normal
Kiel 3,30 m
Travemünde 3,60 m
Wismar 3,10 m
Rostock 2,90 m
Stralsund 2,60 m
Greifswald-Wieck 2,90 m
Ahlbeck 2,90 m

Von oben nach unten:

Sturmhochwasser in Stralsund am 4. 11. 1995. Bei einem Pegelstand von etwa 1,50 m über Normal überflutet das Wasser des Strelasunds die Uferpromenade und dringt in die niedrig gelegenen Teile der Altstadt ein. Am 13. 11. 1872 stand es mehr als einen Meter höher.

Uferabbrüche nach einem Sturm am Dünenkliff des Darßer Weststrandes. Manche Stürme setzen hier die Küstenlinie innerhalb weniger Stunden um mehr als 20 Meter zurück.

Windebbe im Watt östlich von Pramort. Bei einem Pegelstand von etwa 0,5 m unter Normal sind weite Sandflächen trocken gelaufen.

Sturmhochwasser am Darßer Weststrand. Bei einem Pegelstand von nur 1,20 m über Normal arbeiten die Brecher am Ufer. Mit jedem Wellenschlag wird ein Stück der Düne weggetragen.

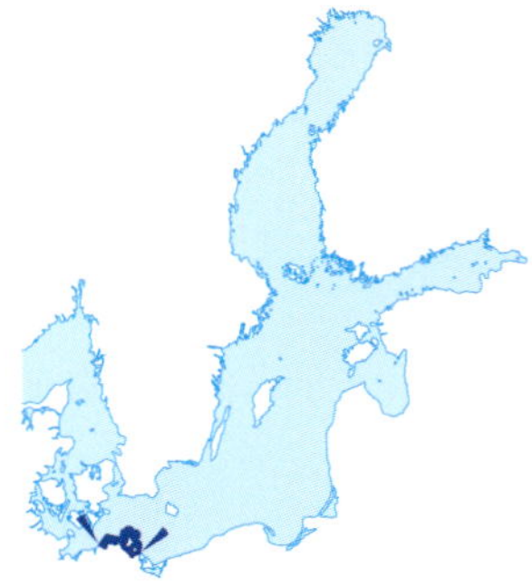

VORPOMMERSCHE BODDENKÜSTE

Fischland-Darß-Zingst, Hiddensee und Rügen

Hier im äußersten Nordosten von Mecklenburg-Vorpommern liegen Deutschlands landschaftlich schönste, am reichsten gegliederte und am wenigsten vom Menschen veränderte Meeresufer. Durch die zwischen Ostsee und Festland gelegene Boddenkette ist eine ungewöhnliche Doppelküste entstanden, für die es im Ostseeraum nichts Vergleichbares gibt. Zwei Nationalparks, ein Biosphärenreservat und viele Naturschutzgebiete sollen diese phantastische Küstenlandschaft auf Dauer schützen.

Breite Sandstrände an der Außenküste, verschilfte Boddenufer im Hinterland - das ist das typische Bild des „flachen Westens" der vorpommerschen Küste. Die große Halbinsel Fischland-Darß-Zingst ist ein gewaltiges System von Aufschüttungen des Meeres. Nur zwei Inselkerne sind heute erkennbar: das Hohe Fischland und der Altdarß. Weite Teile der großen Halbinsel sind durch den Nationalpark Vorpommersche Boddenlandschaft geschützt.

Das Fischland

Noch heute zählt das fotogene Fischland-Hochufer, ein aus Geschiebemergel und Sand aufgebautes Kliff, zu den besonders stark von der Abtragung betroffenen seiner Art. Einst besaß der Inselkern des Hohen Fischlands mindestens doppelte oder gar dreifache Größe. In den vergangenen 6.000 Jahren trug das Meer also seinen größeren und vermutlich auch höheren Teil ab. Aus den gewaltigen Sand- und Kiesmassen, die dabei ausgewaschen wurden, entstanden großflächige Sandhaken, die sich besonders nach Norden hin aufbauten. Wer heute an der Kante des Fischlandkliffs bei Ahrenshoop steht, dem fällt die helle Linie des nach Norden laufenden Darßer Weststrandes besonders auf. Dorthin gelangte schließlich das meiste abgetragene Material.

Der Darß

Der zum größten Teil mit Wald bedeckte Darß besteht aus einer riesigen, fast ebenen Sandfläche, im Westen und Norden von breiten Stränden eingefaßt. Der Darßer Weststrand zählt zu den schönsten Stränden an der Ostseeküste. Er ist im Sommer als idealer Badestrand ebenso beliebt wie als „Wanderstrand" außerhalb der Urlaubssaison. Besonders bei stürmischem Wetter beeindruckt er durch seine dramatische Ursprünglichkeit. Wer von Ahrenshoop aus die lange Strandwanderung zum Darßer Ort unternimmt, wird kaum bemerken, dass es im ausgedehnten, insgesamt flachen Gebiet des Darßwaldes hinter dem Dünenwall zwei ganz unterschiedliche Areale gibt. Der südliche Teil - der Altdarß - besteht aus eiszeitlichen Schmelzwassersanden, die beim Abschmelzen des Inlandeises vor etwa 12.000 Jahren abgelagert wurden. Der nördliche Teil des Darß - der Neudarß - ist ein großflächiges Bauwerk des Meeres. Er entstand zum größten Teil erst im Laufe der vergangenen 2.000 Jahre.

Der immer weiter nach Norden gewachsene Neudarß besteht aus einem fächerförmigen System lang gestreckter, schmaler Strandwälle („Reffe") und dazwischen liegender, einstiger Strandseen („Riegen"). Wer den Neudarß in nördlicher oder südlicher Richtung durchwandert, der bemerkt einen ständigen Wechsel zwischen trockenen, mit Kiefern oder Buchen bestandenen Reffen und feuchten, mit Erlenbruchwäldern bewachsenen Riegen.

Vom Leuchtturm am Darßer Ort bietet sich ein großartiger Blick über den Darßwald und auf die noch immer im Wachstum begriffene Landspitze. Am fernen Horizont erkennt man den Dornbusch auf Hiddensee und die Steilküste der Insel Møn. Im Leuchtturmgehöft hat das Deutsche Meeresmuseum Stralsund eine Außenstelle eingerichtet, das viel besuchte „NATUREUM Darßer Ort". In den Ausstellungen erhält der Darßwanderer wertvolle naturkundliche Informationen, wie beispielsweise zur Küstendynamik auf dem Darß. Meeresaquarien zeigen zahlreiche Tiere aus der Ostsee vor Darßer Ort.

▶ *Der Darßer Weststrand. - Ein Hauch von Südsee liegt hier über der Küste Vorpommerns, die bei Kennern als die landschaftlich vielfältigste an der Ostsee gilt. Der ganz aus Sand aufgeschüttete Neudarß gehört mit seinen naturbelassenen Stränden zum Nationalpark Vorpommersche Boddenlandschaft.*

BODDENKÜSTE

Die Bodden bilden das besondere Landschaftselement der vorpommerschen Küste, einen „Spezialfall" der Ausgleichsküste. Sie sind weder Meer noch Binnensee, sondern eine bemerkenswerte Besonderheit: einstige Buchten der Ostsee, heute durch Nehrungen und Sandhaken zwar weitgehend vom Meer abgeschnitten - aber doch noch mit ihm verbunden. Die Bodden zeichnen alle Pegelschwankungen des Meeres mit geringer Verzögerung nach. Ihr Wasser besitzt gegenüber der freien Ostsee einen etwas verminderten Salzgehalt.

Ähnliche Randgewässer der Ostsee gibt es auch auf einigen dänischen Inseln, dort werden sie meist als „Noor" bezeichnet. Aber an keiner anderen Stelle hat sich durch die Bodden eine so ausgeprägte Doppelküste herausgebildet wie in Vorpommern.

Die ausnahmslos flachen Ufer der Darß-Zingster Boddenkette stehen im deutlichen Kontrast zu den vielgestaltigen, buchtenreichen Ufern der Nordrügenschen Bodden und des Greifswalder Boddens, an denen es sowohl flache Küste mit dichten Schilfwäldern und schmale Sandstrände als auch bewaldete Steilufer und aktive Kliffs mit Geröllstränden gibt.

Die Boddenufer sind wertvolle Naturräume mit interessanten Küstenformen, vielfältigen Pflanzengemeinschaften und bevorzugten Brut- und Rastgebieten zahlloser Küstenvögel. Durch den Nationalpark Vorpommersche Boddenlandschaft, das Biosphärenreservat Südost-Rügen und mehrere Naturschutzgebiete stehen sie weiträumig unter Schutz. Trotzdem gibt es viele Möglichkeiten, sich diese eher stille Küstenlandschaft zu erschließen. Auf den Wanderer wartet an der Boddenküste so manches ungewöhnliche Naturerlebnis.

▲ *Steilküste am Greifswalder Bodden. - An den Ufern der nördlichen und östlichen rügenschen Bodden gibt es hier und da sogar aktive Kliffs - so wie hier am Gelben Ufer auf der Halbinsel Zudar.*

◄ *Flachküste im östlichen Teil der Darß-Zingster Boddenkette. - Weite Röhrichtgürtel bilden den charakteristischen Ufersaum im Westen der vorpommerschen Boddenlandschaft - so wie hier am Pramort, im östlichsten Teil der Halbinsel Zingst.*

Karte: Vorpommersche Boddenküste.

▲ *Salzgrasland mit Wiesenprielen (Luftbild). - Diese häufig überfluteten Uferwiesen auf der Insel Kirr im Barther Bodden (Darß-Zingster Boddenkette) erinnern an naturbelassenes Marschland der Nordseeküste. Sie werden im Sommer beweidet.*

▶ *Neulandbildung zwischen Meer und Bodden; Werderinseln östlich Pramort, Halbinsel Zingst (Luftbild). - Auf der weiten Sandplatte führen Anlandung, beginnender Bewuchs und beständiger Wechsel von Wasserstand und -strömung zu den bei Neuschnee besonders auffallenden Strukturen der Werderinseln.*

◀ *Eiswälle vor Leuchtturm Darßer Ort. - Der 150 Jahre alte Leuchtturm bietet nicht nur eine fantastische Aussicht bis hin zu den Ufern der Inseln Møn, Falster und Hiddensee. Dort findet man auch das NATUREUM - eine Außenstelle des Deutschen Meeresmuseums mit naturkundlichen Ausstellungen und Ostseeaquarien.*

▲ *Hochufer des Fischlandes bei Ahrenshoop. - Der Inselkern des Hohen Fischlandes lieferte bei der Abtragung riesige Mengen von Sand und Kies - das Baumaterial für die sandigen Nehrungen, durch die er heute im Süden mit dem Festland, im Norden mit dem Darß verbunden ist.*

Die Darß-Zingster Boddenkette

Vom Turm der Wustrower Kirche überschaut man die stille Landschaft, das weite Wiesengelände an den Ufern der westlichen Bodden, die wie ein großer Binnensee erscheinen. Auf den ersten Blick erinnert kaum etwas daran, dass sie früher offene Buchten der Ostsee waren. Doch an ihren Säumen findet der aufmerksame Betrachter zahlreiche Stellen, an denen einst das Meer arbeitete - niedrige Kliffs, sandige Aufschüttungen.

Auch die am östlichen Ortsausgang von Prerow gelegene Hohe Düne bietet gute Aussicht. Der Blick schweift über den Außenstrand zwischen Zingst und Darßer Ort. Nach Süden hin reicht er über den sich flussartig durch die Wiesen windenden Prerowstrom bis hin zur Boddenkette und zum fernen Festland. Einstmals stellte der Prerowstrom ein Seegatt dar, eine schiffbare Verbindung zwischen Meer und Bodden. Seine seeseitige Mündung verlagerte sich aber immer weiter nach Westen, versandete und wurde schließlich ganz zugeschüttet. So erhielt auch die einstige Insel Zingst eine Verbindung zum Festland.

Das kurzrasige Salzgrasland beiderseits des Stromes und überall an den südlich gelegenen Boddenufern ist eine in Jahrhunderten vom Tritt des Viehs geformte Weidelandschaft. Auch heute weiden hier Schafe und Rinder. Wie an vielen anderen Stellen im Nationalpark sorgen sie dafür, dass der spezifische Charakter dieser Küstenlandschaft erhalten bleibt. An der boddenseiti-

▲ *Zeesbootregatta auf dem Bodstedter Bodden. - Zeesboote waren einst landschaftstypische Arbeitsboote der vorpommerschen Küstenfischer. Viele dieser Boote mit ihren braun gelohten Segeln blieben erhalten. Sie werden heute von traditionsbewussten Seglern gepflegt und als Sportboote betrieben.*

▶ *Die Borner Bülten im Saaler Bodden; im Hintergrund die Ortschaft Born und der Darßwald. (Luftbild) - Die Schilfinseln im Westen der Darß-Zingster Boddenkette wachsen auf Sandbänken aus jener Zeit, in der die Ostsee noch freien Zugang zu der einstigen Meeresbucht hatte. Später wurde sie abgeschnürt und dadurch zum Bodden.*

gen Mündung des Prerowstromes sowie in anderen flachen Bereichen des Bodstedter und Saaler Boddens liegen Bülten - kleine Schilfinseln. Schmidt-, Jäger- und Borner Bülten sind ebenso wie die anderen weiten Schilfflächen ein bevorzugtes Brutrevier für viele Vogelarten. Einen Eindruck von den üppigen Röhrichtbeständen der Boddenufer erhält auch jeder, der die Meiningenbrücke an der schmalsten Stelle der Darß-Zingster Boddenkette passiert.

Halbinsel Zingst

Vom Prerowstrom im Westen, den herrlich breiten Stränden im Norden und der Boddenkette im Süden begrenzt, besteht auch der flache, ringsum eingedeichte Zingst mit dem gleichnamigen großen Ostseebad nur aus Sandflächen und Mooren.

Ein schmaler Streifen unwegsames, von kleineren Wasserflächen durchsetztes Salzgrasland säumt die Zingster Boddenufer außerhalb des Boddendeiches. Hier begeg-

net man vielen der charakteristischen Salzpflanzen. Ganz ähnlich beschaffen sind die beiden unmittelbar südlich der Ortschaft Zingst gelegenen Inseln Barther Oie und Kirr. Mit ihren Wiesenprielen und den zahlreichen „Röten", flachen Tümpeln, die im Sommer völlig austrocknen können, vermitteln sie einen sehr natürlichen Eindruck. Doch auch sie wurden vom Tritt des Weideviehs geformt. Auf beiden Inseln brüten heute Tausende von Küstenvögeln, hauptsächlich Lachmöwen. Daneben sind auch zahlreiche seltene Vogelarten wie Kampfläufer, Austernfischer, Säbelschnäbler, Uferschnepfen, Alpenstrandläufer und Seeschwalben als Brutvögel vertreten. Diese Boddeninseln zählen zu den wertvollsten Vogelschutzgebieten der deutschen Küste. In dem ausgedehnten Flachwassergebiet östlich Pramort ist das Wasser bei normalem Pegelstand nur wenige Dezimeter tief. Bereits dann ragen einzelne Sandbänke heraus. Bei Windebbe fällt eine riesige Sandplatte trocken. Mitten in diesem an ein Nordseewatt erinnerndes „Windsandwatt" liegen die Werderinseln - niedrige Grasinseln. Während der Große Werder einen klaren Umriss besitzt, zeigen sich die Kleinen Werderinseln im Luftbild als kompliziertes, durch beständige Wasserstandsschwankungen geformtes System von einander durchdringenden Wiesen- und Wasserflächen. Zwischen den Inseln gibt es Stromrinnen, durch die bei Hochwasser ein Austausch zwischen Meer und Bodden erfolgt. Windwatt und Werderinseln sind der bedeutendste Schlafplatz für die im Frühling und Herbst an der vorpommerschen Küste rastenden Kraniche. Eine geschlossene Aussichtskanzel erlaubt es Besuchern am Pramort, den abendlichen Anflug tausender Kraniche zu ihren Schlafplätzen in diesem Flachwassergebiet zwischen Meer und Bodden besonders eindrucksvoll zu erleben.

Vom Pramort sind es nur wenige Minuten Fußweg bis zur Hohen Düne am Außenstrand - mit ihren 15 Metern Höhe die weitaus höchste Weißdüne an der deutschen Ostseeküste. Dort gibt es einen weiteren Aussichtspunkt, von dem aus das beeindruckende Areal zu überschauen ist. Das Dünengebiet bricht mit einem mehrere Meter hohen Dünenkliff zum Strand hin ab. Dort trägt das Meer bei Sturmhochwasser kräftig ab, transportiert den Sand ein Stück weiter nach Osten und schüttet ihn im Flachwassergebiet des Windwattes wieder auf.

Hiddensee

Auch die mit so freundlichen Beinamen wie „Capri der Ostsee" oder „Sötes Lännecken" versehene langgestreckte Insel besteht zum großen Teil aus Ostseeablagerungen. Die mehrere Kilometer langen Sandhaken - der Gellen im Süden, der Bessin im Nordosten - sowie die flachen Areale zwischen Neuendorf und Kloster verdanken ihre Entstehung dem Dornbusch, dem großen eiszeitlichen Inselkern im Norden. Von dort kommt seit 6.000 Jahren das Baumaterial - der Sand. Mit einem markanten Kliff brechen die charakteristischen Trockenrasenhügel am über 60 Meter hohen Dornbusch zur freien See hin ab. Immer wieder sorgen Rutschungen und Abbrüche für eine rasche Zerstörung des Steilufers. Oft versperren sie den Weg des Strandwanderers. Dafür bieten die Dornbuschhügel und der Leuchtturm faszinierende Ausblicke auf die überaus reich gegliederte Bodden-

küste. Von hier aus überschaut man Hiddensee, die westrügenschen Boddengewässer und weite Teile der Insel Rügen. Man erkennt in der Ferne das Festland und am Horizont im Westen sogar Møns Klint.
Hiddensee, frei vom individuellen Autoverkehr, ist wie geschaffen zum Wandern und Radfahren. Auf dieser liebenswerten Insel lassen sich Küstenlandschaft, der Kontrast zwischen wellenumtosten Außenstrand und stillem Boddenufer besonders eindrucksvoll erleben. Die äußersten Zipfel von Hiddensee sind ganz und gar der Natur vorbehalten. Hier brüten und rasten viele Vögel.

Deutschlands größte Insel

Die 926 Quadratkilometer große Insel Rügen gilt im gesamten Ostseeraum als die Insel mit der landschaftlich vielfältigsten Küste. Auf Rügen gibt es bizarre Kreidesteilufer, weite Sandstrände, hohe Kliffs aus Mergel und Lehm, zahlreiche Sandhaken und Nehrungen - und

◄ *Ufer des Schaproder Boddens bei Neuendorf, Insel Hiddensee (Nationalpark Vorpommersche Boddenlandschaft). - Die auf Strandwällen gegründeten Häuserzeilen des kleinen Fischerdorfes vermitteln noch immer einen sehr ursprünglichen Eindruck. Die ausgedehnte Dünenheide nördlich von Neuendorf schickt hier ihre Ausläufer bis an den breiten Schilfgürtel des Boddenufers.*

▲ *Leuchtturm auf dem Dornbusch, Insel Hiddensee. - Die Trockenrasenhügel der Endmoräne im Norden der Insel ragen weit aus der vorpommerschen Küstenlandschaft heraus. Die Aussicht vom Leuchtturm ist überwältigend: Man überschaut Hiddensee und weite Teile der Insel Rügen. Der Blick schweift über Meer und Bodden - über eine ungewöhnlich vielfältige, reich gegliederte Küste.*

dazu bemerkenswert abwechslungsreiche Boddenufer. Detaillierte Beschreibungen würden den Rahmen dieses Buches sprengen. Wer an den Ufern von Deutschlands größter Insel auf Entdeckungsreise geht, kann auf jeden Fall mit einer Menge ungewöhnlicher Landschaftsimpressionen rechnen. Rügen bietet als beliebte Urlaubsinsel den „Sonnenanbetern" ebenso viele Möglichkeiten wie den Freunden interessanter Küstennatur und -landschaft.

Rügens Nordküste

Die tischebene Halbinsel Wittow besitzt überall an ihrer Außenküste hohe, steile Ufer. Bei Dranske im Westen hat das Meer den keulenförmigen Bug an den Inselkern angebaut, Rügens größten Sandhaken. Er trägt einerseits noch die Spuren früherer militärischer Nutzung, besitzt aber andererseits viele unberührte Naturareale. Der Wittower Nordstrand erinnert an ein Ufer der Küste Schonens, die nur etwa 80 Kilometer nördlich liegt. Vor dem bewachsenen, stellenweise sogar bewaldeten Steilufer wechseln Sand, Kies und Geröllstrände. Am Kap Arkona ist das Kliff fast 50 Meter hoch und besteht zum großen Teil aus Kreide.

Die beiden Halbinseln Wittow und Jasmund, einst große Inseln im freien Meer, sind heute durch die Schaabe, eine fast 20 Kilometer lange Nehrung, miteinander verbunden. Dieser breite, durchweg bewaldete und völlig unbebaute Sandstreifen bietet ausgedehnte Dünenkiefernwälder und herrliche Sandstrände. An den hohen Uferhängen der bewaldeten Steilküste im Norden der Halbinsel Jasmund, westlich von Lohme, blieb ein Stück ursprünglicher Natur bewahrt.

Die nördliche rügensche Boddenküste

Während die Darß-Zingster Boddenkette durchgehend flache Ufer hat, gibt es an den Bodden im Norden Rügens, besonders am Großen und Kleinen Jasmunder Bodden, sowohl Flach- als auch Steilküste. An manchen Kliffs arbeitet auch heute noch das Wasser. Die Mehrzahl der Steilufer sind aber seit der Abriegelung der Bodden vom Meer nicht mehr aktiv. Da die bewaldeten Hänge dieser fossilen Kliffs mit ihrem dichten Unterholz vom Menschen kaum betreten werden, bilden sie wichtige Refugien für zahlreiche Tiere und Pflanzen. Hier sagen sich im wahrsten Sinne des Wortes vielerorts Fuchs und Hase gute Nacht.

◄ *Hansestadt Stralsund; Blick nach Norden auf Strelasund und Kubitzer Bodden, rechts Insel Rügen, links Parower Haken; am Horizont links die Insel Hiddensee (Luftbild). - Obwohl sehr geschützt im innersten Teil der Boddenkette liegend, vermittelt Stralsund mehr den Charakter einer Stadt am Meer als die meisten anderen alten Hansestädte an der Ostsee. Die heute zum „Erbe der Weltkultur" zählende Altstadt wird landseitig von Teichen eingerahmt.*

Die Kreideküste auf Jasmund

Zwischen Sassnitz und Lohme liegt Deutschlands schönstes und höchstes Meeresufer. Die Kreidesteilküste und der sie krönende Stubnitzwald bilden heute den Nationalpark Jasmund mit dem Königsstuhl, der einem Wallfahrtsort gleicht. Mehr als eine Million Menschen stehen Jahr für Jahr auf dieser 117 Meter über dem Mee-resspiegel gelegenen Kanzel - dem höchsten Punkt an der deutschen Küste. Die ganze Vielfalt der Kreideküste erlebt man natürlich viel besser bei den faszinierenden Ausblicken, die eine Wanderung auf dem Hochuferweg von Sassnitz zum Königsstuhl bietet.

▲ *Stubbenkammer mit Königsstuhl (hinten) und Victoriasicht (links oben), Nationalpark Jasmund (Insel Rügen). - Der 117 Meter hohe Königsstuhl bildet die höchste Stelle an der gesamten deutschen Küste. Jahr für Jahr stehen auf seiner Aussichtsplattform weit über eine Million Menschen.*

► *Ernst-Moritz-Arndt-Sicht und Wissower Klinken (hinten). - Die Kreideküste im Nationalpark Jasmund auf Rügen gilt unumstritten als Deutschlands schönster Küstenabschnitt - auch, nachdem im Februar 2005 die markante Zinne der Wissower Klinken abstürzte. Beeindruckend ist diese Steilküste zu jeder Jahreszeit. Vom Hochuferweg, der von Sassnitz zum Königsstuhl führt, bieten sich zahlreiche großartige Ausblicke.*

Als Alternative dazu gilt - so es der Wasserstand zulässt - die etwas anstrengendere Wanderung auf dem Feuersteingeröll des Strandes. Wer sich dabei nicht zu leidenschaftlich auf die beliebte Suche nach Kreidefossilien konzentriert, hat die abwechslungsreichen Ufer immer im Blick. Das etwa acht Kilometer lange Kliff besitzt zahlreiche markante Punkte, die alle einen Namen haben - Hengst, Piratenschlucht, Wissower Klinken, Ernst-Moritz-Arndt-Sicht, Kieler Ufer, Kollicker Ort, Victoria-Sicht, Feuerregenfelsen... Senkrechte Kreidewände wechseln mit bewaldeten Hängen, bizarre Zinnen mit tiefen Einschnitten, durch die kleine Bäche zum Strand fließen. Immer wieder fallen die Sand- und Mergelschichten auf, welche die Kreide durchziehen und auf gewaltige Bewegungsvorgänge während der Eiszeit hinweisen. Im ausgehenden Winter versperren häufig Abbruchmassen den Weg des Strandwanderers. Im Frühling blühen an den steilen Hängen die blauen Leberblümchen, etwas später seltene Orchideen.

Viele Naturfreunde kommen immer wieder hierher, um die Kreideküste im Wandel der Jahreszeiten zu erleben. Wann es hier am schönsten ist, wird wohl niemand mit Bestimmtheit sagen können. Am besten erlebt man das nach Osten exponierte Ufer sicher vormittags. Nachmittags liegen Kliff und Strand im Schatten.

◄ *Die Hohen Ufer an der Kreidesteilküste auf Jasmund. - Am Feuersteinstrand vor dem sanften Rund des Ufers zwischen Tipper Ort und Kollicker Ort hat das Meer im Spätherbst viel Buchenlaub ausgeworfen. Aber noch sind die Bäume am Hochufer nicht völlig kahl. Weil sich die Ostsee nur langsam abkühlt, bleibt der Ufersaum oft lange vom Frost verschont. Daher behalten hier die Buchen ihr Herbstlaub oft viel länger als im Binnenland.*

▼ *Uferausbruch an den Wissower Klinken. - Solche dramatischen Bilder bieten sich nach gewaltigen Ausbrüchen, bei denen stark durchfeuchtete Kreide und Geschiebemergel erdrutschartig ins Meer gleiten. Oft dauert es nur wenige Monate, bis die anstürmende See das gelockerte Material aufgeschlämmt und weggetragen hat - manchmal viele tausend Tonnen.*

▲ *Ufer am Kleinen Jasmunder Bodden; Blick von der Halbinsel Thiessow zur Halbinsel Pulitz (Insel Rügen). - Die nordrügenschen Bodden mit ihren hohen fossilen Kliffs zeigen eine andersartige Landschaft als die flachen Ufer im westlichen Teil der Boddenküste.*

► *Blick nach Gager auf Groß Zicker; Mönchgut (Insel Rügen). - Die Halbinsel Mönchgut hat die am reichsten gegliederten Ufer auf Rügen. Nur an wenigen Stellen der Ostsee besitzt die Küstenlandschaft eine so vollendete Schönheit und Harmonie - und bietet gleichzeitig so viele Kontraste wie hier im äußersten Südosten der größten Insel Deutschlands.*

▼ *Karrendorfer Wiesen am Südufer des Greifswalder Boddens; Blick zur Insel Riems. - Diese einst eingedeichten Uferwiesen wurden der Natur zurückgegeben und werden heute bei Hochwasser wieder überflutet.*

Mönchgut

Unmittelbar südlich von Binz, des größten Seebades der Insel, erstreckt sich die hohe bewaldete Endmoräne der Granitz. Auf ihrem höchsten Punkt steht das Jagdschloss Granitz, dessen Turm die beste Sicht über weite Teile der Insel, über die Pommersche Bucht und den Greifswalder Bodden bietet. Die in südöstlicher Richtung gelegene Landschaft mit ihrer besonders reich gegliederten Küste fesselt sofort den Blick: Mönchgut, das einstige Gut der Mönche des Klosters Eldena bei Greifswald, am gegenüber liegenden Ufer des Boddens. Die ungewöhnliche Halbinsel zwischen Meer und Bodden besteht aus mehreren kleinen, durch Nehrungen miteinander verbundenen Inselkernen. Diese streben als Halbinseln dem Greifswalder Bodden zu. An ihren exponierten Höften entfaltet der Bodden so viel Kraft, dass alles im Winter abgebrochene Material in kurzer Zeit aufgearbeitet wird. So entstehen die typischen senkrechten Kliffs aus Geschiebelehm. Das Zickersche Höft ist übrigens das höchste aller vorpommerschen Boddenufer.
Wer bei guter Sicht über die Trockenrasenhügel des Großen Zicker wandert, der kann sicher sein, dass ihm ein solches Landschaftserlebnis nur an ganz wenigen anderen Stellen der Ostseeküste geboten wird.

Boddenufer im Süden

Durch den Strelasund mit seinen abwechslungsreichen Ufern flossen einst die Schmelzwässer nach Nordwesten. Jetzt verbindet er den Kubitzer Bodden im Westen mit dem Greifswalder Bodden im Osten und trennt die Insel Rügen vom Festland. An seiner schmalsten Stelle liegt die historische Altstadt von Stralsund - heute „Erbe der Weltkultur" der UNESCO. Fern der Außenküste, in geschützter Lage auf einem Hügel zwischen Strelasund und Teichen erbaut, vermittelt Stralsund von allen alten Städten an der deutschen Ostseeküste am stärksten den Eindruck einer Stadt am Meer. Im Deutschen Meeresmuseum, in historischen Klostermauern mitten in der Stralsunder Altstadt untergebracht, kann man in Ausstellungen und Aquarien die faszinierende Welt der Meere und Ozeane erleben, aber auch eine Menge über Natur und Landschaft der Ostseeküste erfahren.
Der Greifswalder Bodden ist mit einer Fläche von 510 Quadratkilometern der weitaus größte aller Bodden. Seine Ränder zeigen im Kleinen eine ähnliche Vielfalt wie die Ufer an der Außenküste Rügens im Großen. Die für Bodden typische Schilfgürtel wachsen dagegen nur an den Rändern seiner stillen Nebengewässer. Die Namen gebende Hansestadt Greifswald liegt im äußersten Süden des Boddens, einige Kilometer weit landeinwärts am kleinen Fluß Ryck.

LEUCHTTÜRME AN DER OSTSEEKÜSTE

Leuchttürme sind die markantesten Bauwerke an den Küsten der Ostsee - meist auch beliebte Ausflugsziele. Viele von ihnen dienen noch heute den Schiffen als Wegweiser übers nächtliche Meer. Manche wurden zu Jugendherbergen, Museen oder Aussichtstürmen.

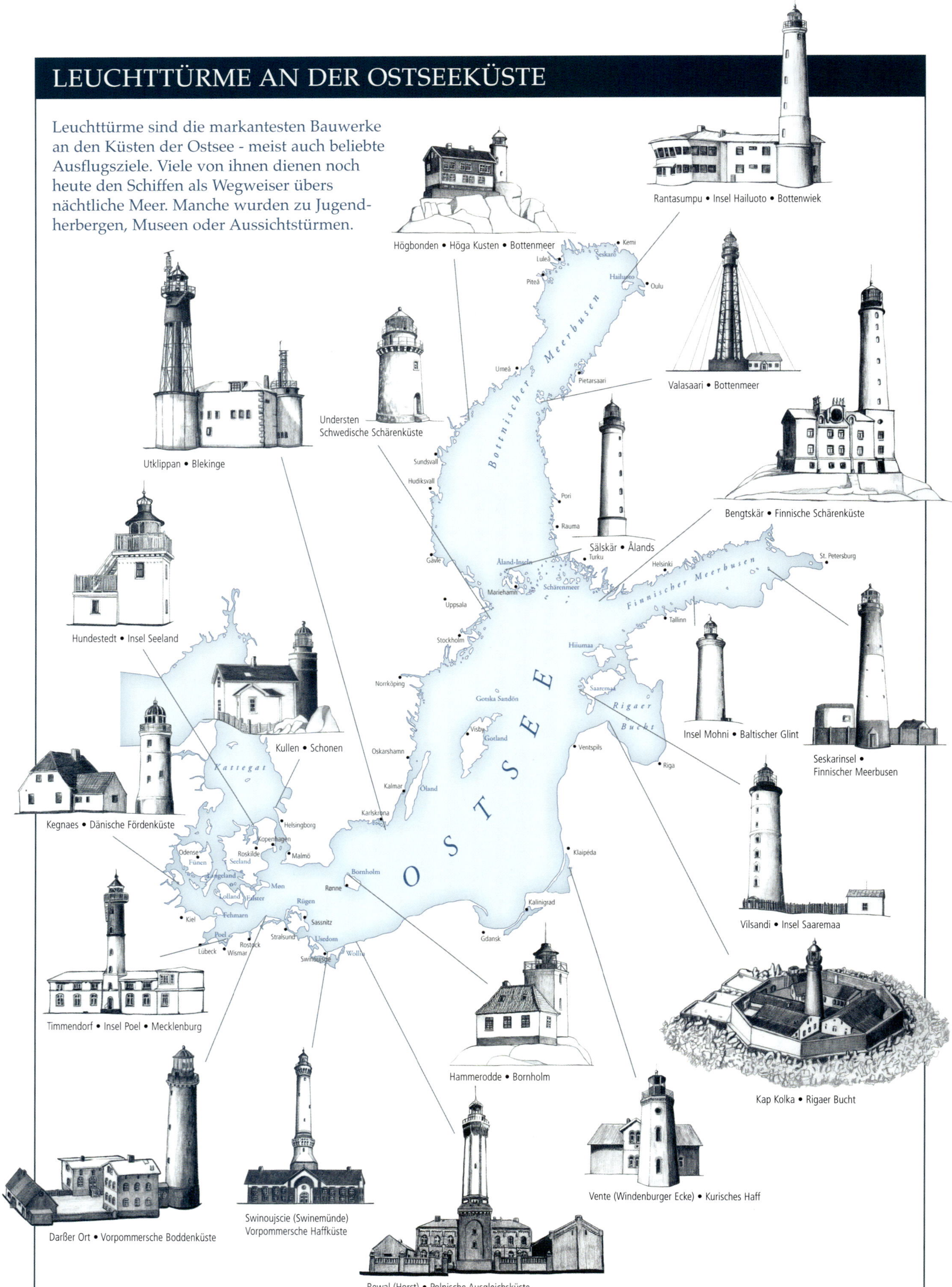

STRANDFUNDE

Suchen und Sammeln gehören für viele zu einer Wanderung an der südlichen Ostseeküste: Hier findet man Muschelschalen, kleine Schneckengehäuse, versteinerte Seeigel, „Donnerkeile" (Reste ausgestorbener Tintenfische), „Hühnergötter" (durchlöcherte Feuersteine), Seesterne (nur an den westlichsten Stränden), interessante Algen (die ganz links stammen von der Nordküste Seelands), Bernstein, Strandkrabben, schöne Treibhölzer, interessante Gerölle, „Seeglas"...

VORPOMMERSCHE HAFFKÜSTE

Usedom, Wollin und Stettiner Haff

Ununterbrochene breite Sandstrände säumen auf den beiden großen Inseln Usedom und Wollin die fast geradlinig verlaufenden Außenküsten. Sie bilden den Südrand der Pommerschen Bucht und treffen bei Swinemünde im stumpfen Winkel aufeinander. Hinter den Inseln liegt die gewaltige Wasserfläche des Stettiner Haffs, des durch die beiden Inseln „verstopften" Mündungstrichters der Oder. Ihre Mündungsarme - Peenestrom, Swine und Dievenow - sind schmale Verbindungen zwischen Haff und Meer und besitzen teilweise boddenartige Erweiterungen.

Eine gewaltige Eismasse, der Odergletscher, schob sich kurz vor dem Ende der letzten Vereisung nochmals nach Süden. Dabei formte er das heutige Mündungsgebiet der Oder und staute einen riesigen See an. Dieser eisige „Haffstausee" besaß ein Vielfaches der Größe des heutigen Stettiner Haffs (660 Quadratkilometer). Unmittelbar vor der Gletscherfront häuften sich jene Moränen an, welche heute die bewaldeten Höhenzüge von Usedom und Wollin bilden.

Usedoms Außenküste

Herrlicher Wald säumt auf langen Strecken, nur von den Bauten der Badeorte unterbrochen, das sanfte Auf und Ab der Küstenlinie. Hier wechseln hinter den Sandstränden mehrfach hohe Moränen-Inselkerne und flache, sandige Nehrungen. Der ebene Nordwesten der Insel mit dem Peenemünder Haken ist eine riesige Seesandebene mit Kiefernwäldern und feuchten Moorwiesen. Die flachen Abschnitte an Usedoms Außenküste gelten bei Sturmhochwasser als besonders gefährdet. Die schmale Nehrung zwischen Zempin und Koserow wurde am Vorwerk Damerow, westlich von Koserow, bereits mehrfach von der See durchbrochen, die Insel dadurch vorübergehend in zwei Teile geteilt.

Östlich von Koserow liegt der Streckelsberg, mit 56 Meter Höhe die markanteste Erhebung und der schönste Aussichtspunkt an Usedoms Außenküste. Seit einigen Jahren wird er von einem neuen massiven Deckwerk an seinem Fuß vor weiterer Abtragung geschützt. Die alte Uferschutzmauer, um 1896 an derselben Stelle erbaut, wurde bereits nach wenigen Jahren vom Wasser zerstört. Die herrlichen Usedomer Strände lagen für die deutschen Hauptstädter schon immer am nächsten, waren am schnellsten erreichbar. So erholten sich die einstigen „Kaiserbäder" Bansin, Heringsdorf und Ahlbeck in jüngster Vergangenheit rasch von ihrem viele Jahrzehnte währenden Verfall. Sie gelten heute wieder als „Badewanne der Berliner", ihre Villen erstrahlen im neuen Glanz. Die an Wald und Seen reiche Umgebung der Bäder trägt sehr zur Beliebtheit der Ferieninsel Usedom bei.

Achterwasser und Peenestrom

Der Peenestrom bildet den westlichen Mündungsarm der Oder - und die westlichen Ufer der Insel Usedom. Am „Unterlauf" hat sich der dort flussartig erscheinende Peenestrom einen schmalen Weg durch die Moräne gesucht. An seiner engsten Stelle liegt die kleine Stadt Wolgast, einst Sitz der Pommernherzöge.

Auf langer Strecke weitet sich der Peenestrom mit seinen Schilfufern und wird stellenweise einige Kilometer breit. Die Halbinseln Gnitz und Lieper Winkel umfangen eine große Bucht, das boddenartige Achterwasser. Die beste Aussicht auf dieses beliebte „Freizeitgewässer" verspricht eine Wanderung von Loddin zum Loddiner Höft. Ein besonders schöner Zipfel des Achterwassers ist der nahe Neppermin gelegene stille Balmer See mit seinen Vogelinseln. Auch hier kann man herrlich wandern.

Wollin

Die Außenküste der Insel Wollin östlich von Misdroy ist durchweg Steilküste, die vom hohen, bewaldeten Wolliner Inselkern gebildet wird und der überall sandige Strände vorgelagert sind. Das Sandkliff am Swinhöft bildet das höchste aus eiszeitlichen Ablagerungen auf-

► *Außenküste der Insel Usedom bei Koserow. - An vielen Stellen auf Usedom und Wollin reicht der Buchenhochwald bis an den Rand der hohen, meist sandigen Steilufer, die hier auf lange Strecken die Außenküste bilden und ihr einen besonderen Reiz verleihen.*

gebaute Steilufer rings um die Ostsee. Der beeindruckende Küstenabschnitt im Nationalpark Wollin zählt zu den erstrangigen Sehenswürdigkeiten an der polnischen Küste.
Das Ostseebad Misdroy (Międzyzdroje) liegt am Westrand des Nationalparks - dort wo die Swine-Niederung den Inselkern von Wollin berührt. Mitten im Ort liegt das Besucherzentrum für den Nationalpark, in dem man wertvolle Informationen über die Küstenlandschaft erhält. Im Osten Wollins stellt eine weitere Nehrung den Anschluss her zur hinterpommerschen Ausgleichsküste.

Stettiner Haff

Die Nordküste des Haffs wird auf Usedom und Wollin von schönen bewaldeten Steilufern geprägt - fossile Kliffs aus jener Zeit, in der die Ostsee noch freien Zugang zu der großen Bucht hatte, die jetzt das Haff bildet. Heute riegelt eine breite Nehrung, die Swine-Niederung, die einst rund 15 Kilometer breite Öffnung zwischen Usedom und Wollin, die Swine-Pforte, ab.

▲ *Außenküste bei Kölpinsee, Insel Usedom. - Die einzelnen Inselkerne Usedoms wurden durch Nehrungen miteinander verbunden. Deshalb wechseln an derAußenküste immer wieder Steil- und Flachküste.*

◀ *Strand vor Heringsdorf, Insel Usedom. - Die „Kaiserbäder" Bansin, Heringsdorf und Ahlbeck zählen zu den beliebtesten deutschen Ostseebädern. Von vielen wird Usedom gern als „Badewanne der Berliner" bezeichnet.*

Linke Seite:
▲ *Blick von der Insel Usedom über Swinemünde zur Insel Wollin (Luftbild). - Die Mole an der Mündung der Swine stört den Verlauf des eleganten Schwunges der Swine-Niederung, die als Nehrung beide Inseln miteinander verbindet. Rechts im Hintergrund liegt das Stettiner Haff mit den Schilfinseln des Rückstromdeltas der Swine, weiter links das Endmoränengebiet von Wollin.*

◀ *Insel Usedom: Blick über den Schmollensee und die Ortschaft Pudagla zum Achterwasser (Luftbild). - Das Achterwasser ist eine boddenartige Erweiterung des Peenestromes, in die von rechts das Loddiner Höft hineinragt.*

Unterbrochen wird sie nur vom tief für die Schifffahrt ausgebaggerten, begradigten Mündungsarm der Swine („Kaiserfahrt").

Im Haff hinter der Swine-Niederung liegen ausgedehnte Schilfbestände. Sie wachsen auf den Sandbänken des viele Quadratkilometer großen „Rückstromdeltas" der Swine. Es entstand aus dem feinen Sand, der früher bei Sturmhochwasser immer wieder durch die Swine-Niederung in das Haff hinein getragen wurde. Diese einzigartigen Schilfinseln stehen heute unter Schutz und sind in den Nationalpark Wollin eingegliedert.

An seiner südlichen und östlichen Küste hat das Stettiner Haff überall flache, verschilfte Ufer. Nur hin und wieder gibt es dort einen schmalen Sandstrand.

Dievenow und Camminer Bodden

Die Dievenow (Dziwna) ist der östliche und schmalste Mündungsarm der Oder - ein stilles, schönes Gewässer. An einer besonders geschützten Stelle des Ufers der Dievenow liegt die Kleinstadt Wollin. Umfangreiche Grabungen förderten dort nicht nur reiche Funde zu Tage. Sie ergaben auch, dass an dieser Stelle im frühen Mittelalter mit größter Wahrscheinlichkeit die sagenumwobene Stadt Vineta lag.

Der Camminer Bodden (Zalew Kamieński) gilt als das östlichste aller als „Bodden" bezeichneten Gewässer - vom Meer durch eine Nehrung fast abgeschnürt. Das Städtchen Cammin (Kamień Pomorski) liegt malerisch auf einer Anhöhe über dem Bodden.

▲ *Rückstromdelta der Swine im Stettiner Haff; Blick vom Lebbin (Lubin) am Hochufer der Insel Wollin nach Westen. - Am Horizont erkennt man die Höhenzüge der Insel Usedom.*

◄ *Blick über den Camminer Bodden zur Stadt Cammin (Kamień Pomorski). - Diese durch eine Nehrung von der Ostsee abgeschnittene Bucht ist das östlichste aller als „Bodden" bezeichneten Küstengewässer.*

KÜSTEN- UND HOCHWASSERSCHUTZ

An der südwestlichen Küste der Ostsee - besonders an der deutschen - gibt es lange Uferabschnitte, die bei Sturmhochwasser durch Überflutungen äußerst gefährdet sind. Allein in Mecklenburg-Vorpommern gilt heute ein über 1.048 Quadratkilometer großes Küstengebiet mit etwa 163.000 Bewohnern und riesigen Vermögenswerten als unmittelbar durch Überflutungen gefährdet.

Überall an der dänischen, deutschen und polnischen Küste trifft man auf Küstenschutzbauten, durch die das dahinter liegende Gebiet vor Überflutungen bewahrt werden soll. 117 km Deiche gibt es allein in Schleswig-Holstein; 42 km Seedeiche, 144 km „Hochwasserschutz-Dünen" (Dünendeiche) sowie 142 km Boddendeiche in Mecklenburg-Vorpommern.

Wie hoch kann die Ostsee steigen? Wie hoch müssen also die Deiche sein, um die Küste wirksam zu schützen? Die Höhe des Wassers bei den katastrophalen Hochwässern im Mittelalter ist leider nicht bekannt. Recht genau kennt man dagegen die Pegelstände über NN vom 13. November 1872, als es zahlreiche Deichbrüche und großflächige Überschwemmungen gab: Flensburg 3,40 m, Kiel 3,30 m, Travemünde 3,60 m, Wismar 3,10 m, Rostock 2,90 m, Stralsund 2,60 m, Greifswald-Wieck 2,90 m, Ahlbeck 2,90 m. Diese Werte bilden derzeit die Grundlage für die regionalen „Bemessungs-Hochwasserstände" - also die Berechnungsgrundlage für alle Küstenmaßnahmen. Danach richtet sich auch die Höhe der Deiche im jeweiligen Küstenabschnitt.

Durch zahlreiche andere Maßnahmen versucht man, die Küste insgesamt stabil zu halten. Sandaufspülungen verbessern die Materialbilanz der Strände und tragen dadurch mittelbar zum Überflutungsschutz bei. Denn je besser „ernährt" eine Uferzone ist, desto mehr Widerstand setzt sie den anstürmenden Wassermassen entgegen. Andere Küstenschutzbauten wie Buhnen, Wellenbrecher und Steinmauern sowie Deckwerke vor Steilküsten sollen die Küstendynamik einschränken. Wie man oft nachträglich feststellen muss, bewirkten manche dieser Bauten, mit denen sich der Mensch gegen die Natur stellte, das Gegenteil vom Gewünschten.

Alle Deiche und Hochwasserschutz-Dünen müssen fortlaufend gepflegt, repariert oder erneuert werden. Denn die Naturkräfte arbeiten beständig an ihnen. Das letzte katastrophale Sturmhochwasser an der deutschen Ostseeküste liegt länger als 100 Jahre zurück. Erst das nächste wird zeigen, wie zuverlässig unsere Küstenschutzbauten wirklich sind.

► ***Küstenschutzbauten an der Küste von Mecklenburg-Vorpommern:***
(von oben nach unten)

Dünendeich bei Neuhaus östlich von Graal-Müritz.

Außendeich bei Prerow auf dem Darß.

Boddendeich vor Gristow am südlichen Greifswalder Bodden.

Buhnen am Streckelsberg auf der Insel Usedom.

▼ *Schema: Küstenschutzbauten an der Boddenküste in Vorpommern.*

AUSGLEICHSKÜSTE IN POLEN

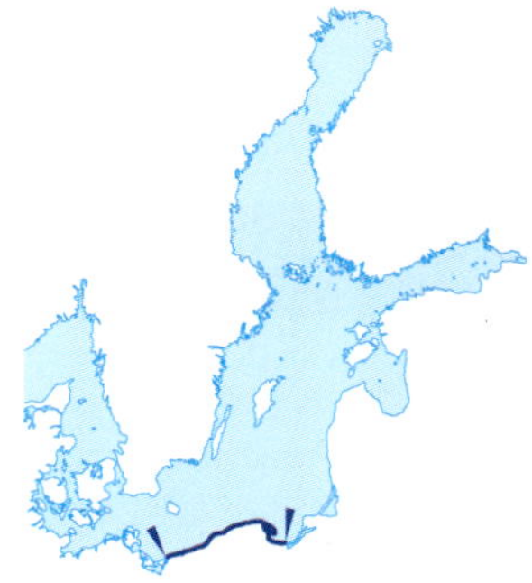

Sandstrände, Strandseen und Wanderdünen

Von Wollin aus erstreckt sich in sanften Schwüngen eine über 250 Kilometer lange Ausgleichsküste mit weitgehend geglätteten Ufern nach Nordosten - ohne vorgelagerte Inseln, ohne Buchten oder Halbinseln. Damit steht diese Ausgleichsküste in auffallendem Kontrast zu der westlich von ihr gelegenen, reich gegliederten vorpommerschen Küstenlandschaft. Endlose Sandstrände bestimmen das Bild zwischen Wollin und Hela. Wer hier an der polnischen Ostseeküste am Strand seine Ruhe oder gar die Einsamkeit sucht, der wird sie - abseits der großen Badeorte - bestimmt finden.

Es gibt verschiedene Gründe dafür, weshalb das Meer gerade diesen Küstenabschnitt bereits so weit geglättet hat. Sicher liegt es am Relief des ursprünglichen Küstensaumes, das die Herausbildung solcher Ufer begünstigte. Außerdem wurde dieser Abschnitt der Ostseeküste vom Meer schon etwas länger bearbeitet als die weiter westlich gelegenen Ufer. Schließlich konnten an dieser nach Nordosten verlaufenden Küste die überwiegend aus westlichen Richtungen wehenden Winde ihre Kraft beim Sandtransport parallel zur Küste besonders gut entfalten.

Monument der Küstendynamik

Der letzte Mauerrest einer gotischen Kirche hält sich gerade noch an der Kante des zehn Meter hohen Geschiebelehm-Steilufers bei Hoff (Trzęsacz), etwa 40 Kilometer westlich von Kolberg (Kołobrzeg). Schon 1901 war die nördliche Seitenwand der Kirche, 1903 ihr Westgiebel auf den Strand gestürzt. 1994 folgte der größte Teil ihrer Südmauer, die sich lange Jahre in gefährdeter Position gehalten hatte. Bald wird auch der verbliebene Rest diesen Weg gehen. Als die Kirche um das Jahr 1250 erbaut wurde, soll sie etwa 1.800 Meter von der damaligen Küste entfernt gestanden haben. Es gibt berechtigte Zweifel an dieser Angabe. Geht man von einem wahrscheinlichen jährlichen Küstenrückgang von durchschnittlich 50 bis 100 Zentimetern aus, dann hätte die Entfernung nur ungefähr 375 bis 750 Meter betragen. Auf jeden Fall sind diese Mauern ein Monument für das unablässige Zurückweichen der Küste.

Vom liebevoll restaurierten Leuchtturm bei Horst (Rewal) reicht der Blick weit nach Westen und Osten über helle Sandstrände und die dunklen Kiefernwälder auf den Dünenzügen dahinter - ein „klassisches" Bild der hinterpommerschen Küste. Eine gewaltige Mauer schützt das Ufer vor dem beeindruckenden Leuchtturmkomplex. Auch sie lässt erkennen, dass die Küstendynamik an dieser bereits weitgehend ausgeglichenen Küste noch lange nicht zur Ruhe gekommen ist und wichtige Uferpartien geschützt werden müssen.

Strandseen und Flussmündungen

Als das Meer die heutige Küste erreichte, stieß es hier auf zahlreiche kleine Buchten. Sie alle hat das Meer längst durch Nehrungen abgeschnürt. Der Wind häufte darauf Dünen an, die jetzt mit Kiefernwald bewachsen sind. Wie locker aneinander gereihte Perlen liegt heute die Kette der Strandseen an der hinterpommerschen Küste. Einen besonders interessanten Strandsee gibt es bei Horst (Rewal): den Horst-Eiersberger See (Jezioro Liwia Łuża), der mit seinen Schilfinselchen ein wahres Seevogelparadies ist.

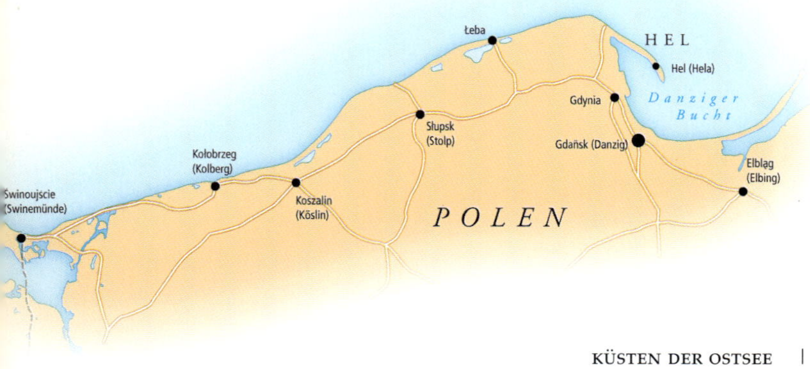

► *In den Wanderdünen auf der Leba-Nehrung. - Vom Kamm der mehr als 40 Meter hohen Lontzkendüne (Góra Łącka) im Slowinski-Nationalpark reicht die Aussicht weit über die Ostsee, die Nehrung und den auf dem Bild im Hintergrund erkennbaren Leba-See (Jezioro Łebsko), der einst eine große Bucht der Ostsee war. Bei Sturm fühlt man sich hier in die Wüste versetzt.*

Kleine Flüsse wie Rega, Persante (Parsęta), Wipper (Wieprza) hatten es früher schwer, zum Meer zu gelangen. Immer wieder verschütteten die im Flachwasser längs des Ufers wandernden Sandmassen ihre Mündungen. Kilometerweit mussten die Flüsse hinter den Strandwällen parallel zur Küste fließen, bevor sie eine günstige Stelle zum Ausströmen fanden. Und auch die wurde oft beim nächsten Sturmhochwasser wieder zugeschüttet. Der Mensch hat diese Situation grundlegend geändert. Da es an der gesamten Küste zwischen Wollin und Hela keinen einzigen Naturhafen gab, hat er die Flussmündungen dazu umfunktioniert. Doch nur mittels überdimensionierter Molenbauten lassen sich diese künstlichen Hafeneinfahrten stabilisieren. Damit wurde in die natürliche Dynamik der Küste eingegriffen. Während sich der Sand im Westen der Molen anhäuft, fehlt er östlich davon. Die Hafenzufahrten versanden beständig. Ohne Bagger kommt man hier nicht mehr aus. Die alten Mündungsarme der Flüsse aber sind zu Refugien vieler Tiere und Pflanzen geworden.

Vom Meer beeinflusst wurden nicht nur die Mündungen, sondern auch die Unterläufe vieler Flüsse. Nach abgeschlossener Transgression lag der Meeresspiegel schließlich so hoch, dass sich das Wasser in den Flusstälern staute - manchmal 50 Kilometer und mehr landeinwärts. Dadurch entstanden ausgedehnte Talmoore, die besonders typisch sind für die küstennahen Landschaften in Hinterpommern.

Die Wanderdünen von Leba

Westlich des heute vom Tourismus geprägten Fischerortes Leba liegen die größten Strandseen und die längsten Nehrungen der hinterpommerschen Küste. Dieses Gebiet ist heute durch den Słowinski-Nationalpark geschützt. In ihm liegen auch die Wanderdünen von Leba. Sie sind die bedeutendste Sehenswürdigkeit an der polnischen Ostsee. Im Besucherzentrum des Nationalparks, in Smoldzino am Südrand des Leba-Sees (Jezioro Łebsko), vermittelt eine sehenswerte Ausstellung u. a. die Entstehung der Wanderdünen.

Diese Wanderdünen zu erleben, zählt zu den großartigsten Naturerlebnissen an der Ostsee. Auf dem windgeschützten Weg durch den Uferwald längs des Leba-Sees ist zuerst noch nichts davon zu spüren, dass ein Stück weiter die ganze Landschaft in Bewegung ist. Wer bei Wind und Sonnenschein über die Dünen wandert, der fühlt sich in die Wüste versetzt. Schon beim Einstieg in das Sandgebiet bläst der Wind den Wanderern den Sand heftig ins Gesicht. Der Aufstieg durch den lockeren Sand hinauf zur 42 Meter hohen Lontzken-Düne (Łązka Góra), zur höchsten Erhebung des gesamten weitläufigen Dünengebietes, wird zur unerwarteten Anstrengung. Doch der Rundblick von dort entschädigt: Nach Westen und Osten Wüstenlandschaft - die viele Kilometer langen, mächtigen Wanderdünen auf der Nehrung, im Süden der ausgedehnte Leba-See, im Norden - hinter einem Dünenwall - die freie Ostsee. Und der stürmische Wind treibt den Sand von Westen oft so heftig über die Dünen, dass man sie wirklich wandern sieht.

Halbinsel Hel

Das von einem malerischen Leuchtturm gekrönte, rund 60 Meter hohe Steilufer am Rixhöft bildet den nördlichsten Punkt an der polnischen Ostseeküste. Nur wenig östlich davon, bei Władysławowo, beginnt der keulenförmige Sandhaken der Halbinsel Hel (Hela), der sich 35 Kilometer weit in die Danziger Bucht hinein erstreckt. An seiner heute äußerst schmalen Wurzel ist er stellenweise kaum 100 Meter breit und stark von Durchbrüchen bedroht: Die Mole des Fischereihafens von Władysławowo hat die Sandzufuhr von Westen unterbrochen. Umfangreiche Küstenschutzbauten sollen die schmalste Stelle stabilisieren. Am „dicken Ende" von Hela, im Südosten nahe des Ostseebades Hel, muss man dagegen eine halbe Stunde durch schönen Kiefernwald laufen, um die Nehrung zu durchqueren.

Die Danziger Bucht

Die dynamische Hafenstadt Gdynia, das mondäne Seebad Zoppot (Zopot) und die geschichtsträchtige Hansestadt Danzig (Gdansk) fügen sich harmonisch in das Rund des Westufers der Danziger Bucht ein. Der ge-

◄ *Kirchenruine von Hoff (Tręsacz). - Von der um 1250 weit entfernt von der damaligen Küstenlinie erbauten Kirche stürzte bereits 1901 die nördliche Seitenwand, 1903 der Westgiebel auf den Strand. Auf diesem Foto von 1988 ist die Südmauer noch fast komplett. Heute steht von ihr nur noch ein kleiner Rest an der Kante des Geschiebelehm-Steilufers - ein Monument des beständigen Zurückweichens der Küste, dem nur noch wenige Jahre vergönnt sind.*

▼ *Blick vom Leuchtturm Horst (Rewal) nach Osten. - Die polnische Ausgleichsküste verläuft von Wollin aus über 250 Kilometer mit weitgehend geglätteter Uferlinie - ohne vorgelagerte Insel, ohne tiefe Bucht oder markanten Landvorsprung. Trotzdem weicht die Küste immer weiter zurück. So musste man das Steilufer, auf dem der Leuchtturm steht, mit einer massiven Ufermauer schützen.*

waltige Ballungsraum, einer der größten an der Ostseeküste, liegt im Schutze der sich westwärts aufbauenden bewaldeten Endmoräne. So wie die anderen alten Hansestädte liegt auch die historische Altstadt von Danzig nicht direkt am offenen Meer, sondern rund sechs Kilometer landeinwärts an der Mottlau, einem Arm des Weichseldeltas. Dieses riesige, von vielen Wasserarmen durchzogene, zum großen Teil eingedeichte und entwässerte Flussdelta grenzt mit hohen Dünen und weiten Stränden direkt ans Meer. An seinem nordöstlichsten Punkt liegt die Wurzel der Frischen Nehrung. Wer in einer Millionenstadt Strandurlaub machen möchte, der kann das in Danzig: Der riesige Bogen breiter Sandstrände beginnt direkt am Stadtrand.

▲ *Die Lontzkendüne (Góra Łącka) in den Wanderdünen von Leba.*

► *Wandernder Sand verschüttet den Uferwald am Leba-See.*

◄ *Hinterpommersche Ausgleichsküste an der Mündung der Rega westlich von Kolberg (Kołobrzeg).*

82

DAS MEER ZERSTÖRT - DAS MEER BAUT AUF.

Beständig arbeitet das Meer an seinen Ufern. Am stärksten entfaltet es seine Kräfte, wenn es als Sturmhochwasser gegen die Küste tobt. Besonders dann wird das an den Steilküsten gelockerte Material von den anstürmenden Wellen abgetragen und parallel zum Ufer transportiert - die gröberen Bestandteile wie Gerölle nur ein Stückchen, die feinen wie Sand oft über weite Entfernungen. Dort, wo das Wasser seine Transportkraft verliert - in Buchten oder hinter Landvorsprüngen - kommt es zur Ablagerung. Dabei werden Sandbänke und Strandwälle aufgeschüttet, aus denen Sandplatten, Sandhaken und Nehrungen entstehen, auf denen sich später Dünen bilden können.

Am leichtesten hat es die Ostsee bei diesem Küstenausgleich an ihren „weichen“ Ufern im Süden und Südwesten. Das Ergebnis ist hier eine Ausgleichsküste mit sanft geschwungener Uferlinie, ohne Bucht oder Halbinsel. Landvorsprünge wurden immer weiter zurück geschnitten. Aus einstigen Buchten entstanden Strandseen, Bodden oder Haffe. Lange Abschnitte der polnischen und lettischen Ostseeufer sind solche Ausgleichsküsten. Auch wenn hier der Küstenausgleich bereits abgeschlossen erscheint, transportiert das Meer mit seiner nie erlahmenden Kraft doch unentwegt gewaltige Sandmassen hin und her.

Ein Spezialfall der Ausgleichsküste ist die Haff-Nehrungs-Küste. Mit der Frischen Nehrung und der Kurischen Nehrung hat das Meer hier Bauwerke geschaffen, die für Ostseeverhältnisse wahrhaft gewaltige Dimensionen besitzen.

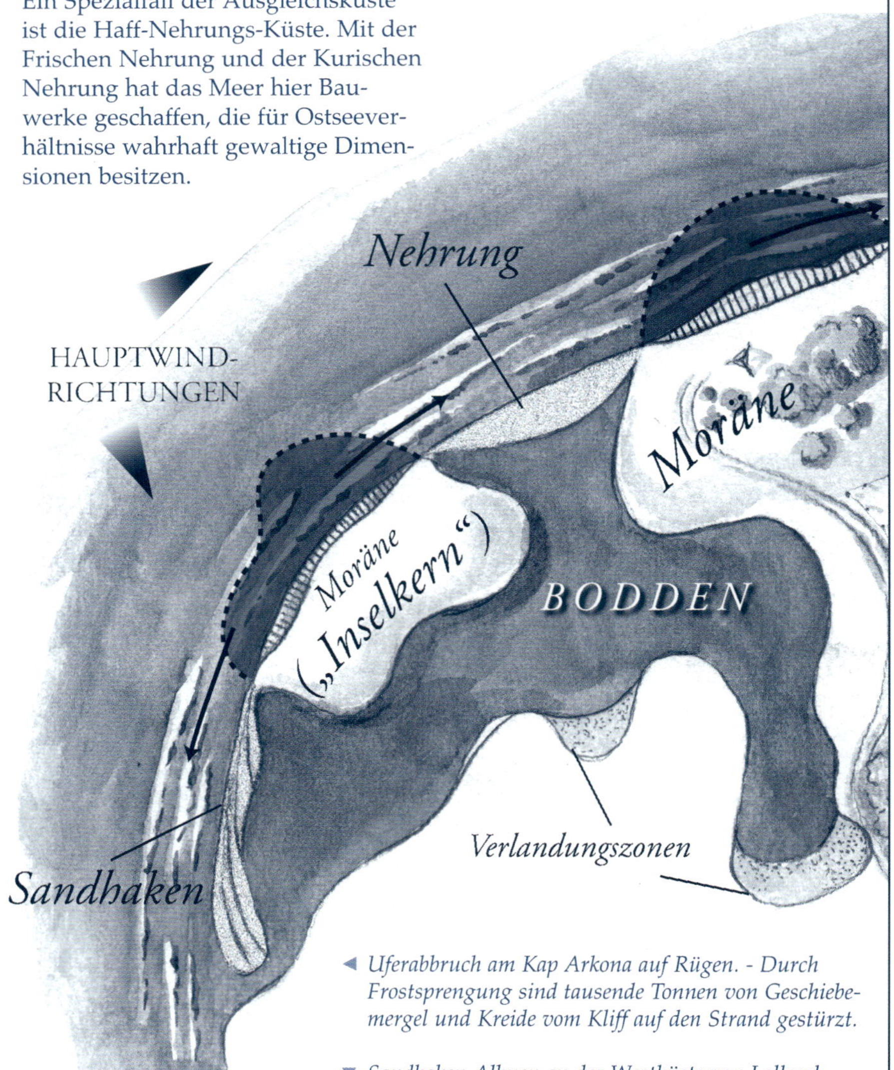

◄ *Uferabbruch am Kap Arkona auf Rügen. - Durch Frostsprengung sind tausende Tonnen von Geschiebemergel und Kreide vom Kliff auf den Strand gestürzt.*

▼ *Sandhaken Albuen an der Westküste von Lolland. - Diese etwa zehn Kilometer lange Sandaufschüttung im Langelandsbelt zeigt eine besonders ausgeprägte Hakenform.*

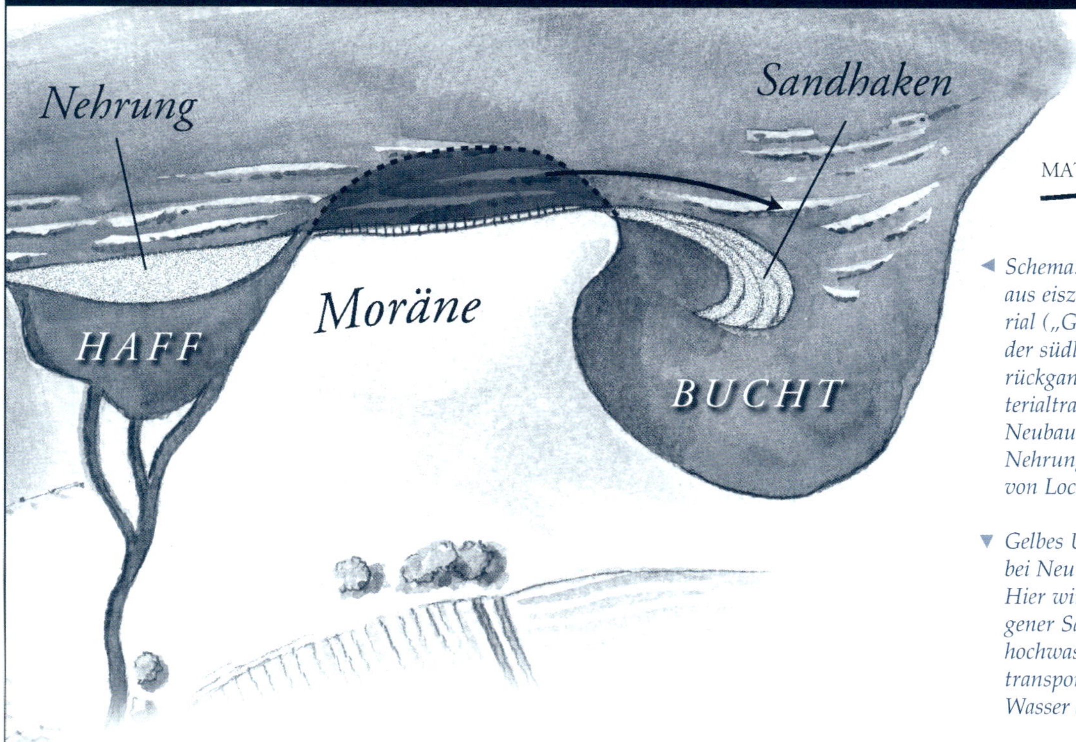

◀ *Schema: Dynamik einer Küste aus eiszeitlichem Moränenmaterial („Glazialschuttküste") an der südlichen Ostsee. - Küstenrückgang durch Abtragung; Materialtransport parallel zur Küste; Neubau von Sandhaken und Nehrungen durch Ablagerung von Lockermaterial.*

▼ *Gelbes Ufer und Gobbiner Haken bei Neu Reddevitz auf Rügen. - Hier wird vom Steilufer abgetragener Sand und Kies bei Sturmhochwasser parallel zum Ufer transportiert und im ruhigeren Wasser als Sandhaken abgelagert.*

DIE GROSSEN NEHRUNGEN

Frisches Haff und Kurisches Haff

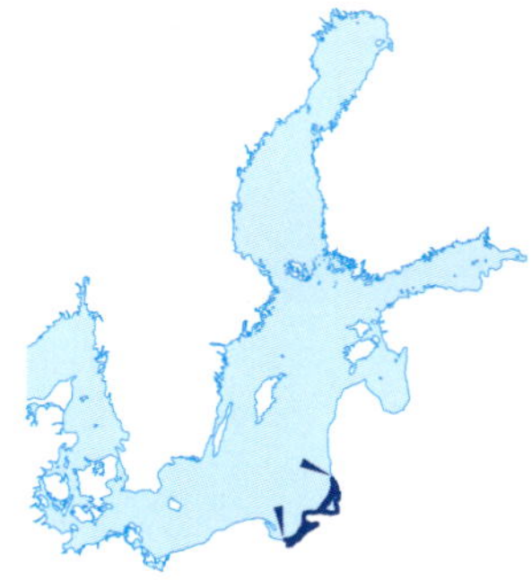

Die große Halbinsel Samland schiebt sich wie ein mächtiger Klotz weit in die Ostsee hinein. An ihr hängen zwei gewaltige Flügel: Frische Nehrung und Kurische Nehrung, die beiden längsten Bauwerke der Ostsee. Hinter ihnen liegen die größten der von ihr abgeschnürten Gewässer - das Frische Haff und das Kurische Haff. Diese Landschaft fasziniert vor allen Dingen durch die ungewöhnliche Weitspannigkeit der lang gestreckten, schmalen Nehrungen - etwas für die Ostseeküste ganz Besonderes. An manchen landfernen Aussichtspunkten hat man den Eindruck, als verliefen sie weit draußen im Meer - ohne Anfang, ohne Ende... Auch die dreifachen, stark differenzierten Uferzonen dieser Landschaft - die Außen- und Binnenküste der Nehrung sowie die festländische Haffküste - sind bemerkenswert.

Die gewaltigen Sandmassen, aus denen das Meer in den vergangenen 4.000 Jahren die großen Nehrungen baute, trug es wohl nur zu einem Teil an anderer Stelle der Küste ab. Vieles stammt wahrscheinlich aus der gewaltigen Sandfracht der hier einmündenden Flüsse Weichsel und Memel. Deren jüngere Schwemmfächer haben die beiden, einst viel größeren Haffe an ihrer Binnenseite bereits teilweise aufgefüllt.

Die ganz und gar aus Sand bestehende Landschaft der Nehrungen ist recht einfach strukturiert und überall ähnlich: An der Außenküste erstreckt sich hinter einem unterschiedlich breiten, oft monotonen Sandstrand ein lückenloser Dünenwall (Vordüne). Unmittelbar dahinter liegt meist ein ebenes, häufig unbewaldetes Areal - die Nehrungsplatte -, auf der es stellenweise Sümpfe gibt. Dahinter folgt ein bis zum Haff reichender breiter Streifen moos- und flechtenreicher Dünenkiefernwald, vielfach mit baumfreien „Inseln". Auf ihnen wachsen Zwergsträucher wie Kriechweide, Krähenbeere, Heidekraut oder Gagelstrauch. In feuchten Senken entdeckt man dicke Moospolster. Die höchsten Dünen liegen in der Regel nahe des Haffufers, das sich im Vergleich zur einförmigen Außenküste wesentlich abwechslungsreicher zeigt und meist von einem breiten Schilfgürtel gesäumt wird. Ab und zu gibt es dort auch schmale Sandstrände sowie niedrige sandige Steilufer, an denen das Wasser arbeitet. Hier, am Ufer des Haffs, liegen auch die Siedlungen.

Frische Nehrung

Das vom Weichseldelta aus im sanften Bogen nach Nordosten verlaufende, besonders schmale Band der Frischen Nehrung (Mierzeja Wiślana) steht heute auf polnischem Gebiet als Naturpark unter Schutz. In unzähligen Kurven windet sich hier die enge Straße von Südwesten zwischen Dünenhügeln durch den Wald. Die bewaldeten Dünen sind haffseitig oft 30, manchmal sogar über 40 Meter hoch. Einige der Dünenkämme verraten durch ihre Form, dass es sich um einstige Wanderdünen handelt. Am besten überschaut man die Waldlandschaft der etwa 0,5 - 1,8 Kilometer breiten Nehrung vom Leuchtturm des Urlaubsortes Kahlberg (Krynica Morska). Gut zehn Kilometer weiter nordöstlich endet die Straße plötzlich auf einer Wiese. Kurz dahinter liegt die derzeit noch unpassierbare polnisch-russische Grenze.

Im Nordosten, bei Pillau (Baltisk) im „Oblast", gibt es einen von Menschenhand geschaffenen und durch mächtige Molen eingefassten Durchbruch in der insgesamt 56 Kilometer langen Nehrung - das sogenannte See-Tief, die Zufahrt zum Haff und zum Hafen von Königsberg (Kaliningrad). Hier häuft sich der mit Bernsteinsplitterchen durchsetzte Sand an der nordöstlichen Mole an. Er wird also offensichtlich von der samländischen Küste herangetragen, an der Bernstein gewonnen wird.

► *Wanderdünen auf der Kurischen Nehrung. - Das „Tal des Todes" südlich von Nidden (Nida) zählt zu den bekanntesten Arealen der weitläufigen Wanderdünengebiete auf der größten aller Nehrungen an den Küsten der Ostsee. Im Hintergrund erkennt man den Grabschen Haken und das Kurische Haff.*

▲ *Die Frische Nehrung bei Kahlberg (Krynica Morska, mit Leuchtturm); links das verschilfte Ufer des Frischen Haffs, rechts im Hintergrund die Danziger Bucht. - Die einstigen Wanderdünen der Frischen Nehrung sind heute bewaldet und säumen als Hügelketten ihr haffseitiges Ufer.*

▶ *Frauenburg (Frombork) am Frischen Haff. - Vom Turm der Domburg überblickt man die riesige Wasserfläche des Haffs und erahnt im Dunst am Horizont den endlos langen Waldstreifen der Frischen Nehrung.*

Frisches Haff

Mit 840 Quadratkilometern besitzt das Frische Haff nur etwa die Hälfte der Fläche des Kurischen Haffs. Weite Schilfwälder säumen besonders seine südwestlichen und östlichen Ränder. Im Nordosten nagen dagegen die Wellen des Haffs hier und da an niedrigen, aus Dünensand bestehenden Steilufern der Nehrung. Abgestürzte Bäume versperren dort vielfach den Weg längs der schmalen Sandstrände.

Bei Elbing (Elbląg), an der Festlandsseite des Haffs, dominiert ein fast 200 Meter hoher bewaldeter Moränenrücken weithin das Küstenbild. Nur wenig östlich davon liegt auf einem Hügel das traditionsreiche Städtchen Frauenburg (Frombork). Wer dort den Kopernikus-Turm der Domburg besteigt, dem bietet sich eine schöne Aussicht über das hier etwa zehn Kilometer breite Haff hinüber zur Nehrung, die als schmaler Waldstreifen mit einzelnen hellen Dünen am Horizont erscheint. An der östlichsten Stelle des Haffs mündet der Pregel (Pregolia), an dem nur einige Kilometer flussaufwärts die Stadt Königsberg (Kaliningrad) liegt.

Samlandküste
Bis zu 60 Meter hohe Steilufer bestimmen das Bild der geologisch wie landschaftlich interessanten Außenküste der Halbinsel Samland. Damit steht sie im auffallenden Kontrast zu den Dünenküsten der angebauten Nehrungen, für die sie einen Teil des Sandes lieferte. Die aktiven Kliffs der Samlandküste bestehen aus Geschiebemergel und aus sandigen Ablagerungen des Tertiär, die oft mit Braunkohle durchsetzt sind - und mit Bernstein. Seit jeher findet man nach Stürmen überall an den Stränden dieser „Bernsteinküste" reichlich vom „Gold der Ostsee". Denn hier auf dem Samland liegt in der berühmten „Blauen Erde", einer sandigen Meeresablagerung aus dem Tertiär, die weltgrößte Bernstein-Lagerstätte. Die Schicht der Blauen Erde lagert zwar nicht im Kliff der Außenküste, dafür aber etwas landeinwärts in nur geringer Tiefe sowie unter dem Strand bei Palmnicken im Westen der Halbinsel. Dort betrieb man wenige Jahrzehnte lang sogar einen „Strandtagebau", die einzige derartige Grube unmittelbar an einem Ostseeufer.

▲ *Wanderdünen der Kurischen Nehrung im Oblast Kaliningrad. - Ein wüstenartiges Gebiet mit bis zu 60 Meter hohen Dünenrücken erstreckt sich unmittelbar südlich der russisch-litauischen Grenze.*

▼ *Nordufer der Halbinsel Samland bei Rauschen (Svetlogosk). - Dieser landschaftlich schöne Küstenabschnitt mit seinen bewaldeten Hochufern zählt zu den beliebtesten Urlaubsgebieten Russlands.*

Die Bernsteingewinnung am Strand endete aber abrupt, als der Tagebau im Herbst 1999 durch den „Anatol"-Sturm überflutet wurde.
Die Halbinsel Samland, heute Kernstück des „Oblast Kaliningrad", besitzt im Norden eine landschaftlich äußerst reizvolle Küste mit Sandstränden vor bewaldeten Kliffs. Das dort wunderschön im Hochuferwald gelegene Ostseebad Rauschen (Svetlogorsk) zählt zu den beliebtesten und teuersten Urlaubsorten im großen Russland.

Kurische Nehrung
Zwei übersandete Inselkerne aus eiszeitlichen Ablagerungen bei Nidden und Rossitten stützen das gewaltige Bauwerk der 98 Kilometer langen und 0,4 bis 3,8 Kilometer breiten Kurischen Nehrung. Ihr Außenstrand ist - trotz des vielen Sandes - an manchen Stellen recht schmal und dort, wo die Inselkerne unter dem Sand liegen, auch hin und wieder etwas steinig. Die breitesten Strände gibt es im äußersten Norden, nahe Klaipeda. Überall wird der Strand von einem lückenlosen Dünenwall begrenzt, der an vielen Stellen vom Menschen zwecks Hochwasserschutz „überarbeitet" wurde. Weil sich der Strand hier quer zur Hauptwindrichtung (West / Südwest) erstreckt, wird die Sandwanderung landeinwärts besonders begünstigt. Dazu kommt die fortwährende Sandumlagerung durch das Meer. Auf diese Weise weicht der Außenstrand der Nehrung schnell zurück - stellenweise um mehr als einen Meter pro Jahr. Nur im nördlichsten Teil wächst das Ufer heute noch seewärts.
Nach Osten, zur Haffküste hin, liegen auf der Nehrung die weitaus höchsten Küstendünen im gesamten Ostseeraum. Die ältesten der gewaltigen Sandberge sind ursprüngliche Parabeldünen, wie sie heute nur noch bei Schwarzort (Juodkrante) zu finden sind. Wer dort auf dem Rundweg durch den Wald des „Hexenberges" wandert, kommt nicht nur an zahlreichen skurrilen holzgeschnitzten Skulpturen von Märchen- und Sagenfiguren vorbei. Er durchquert auch einen besonders schönen Mischwald mit beeindruckend großen, alten Kiefern, Fichten und Buchen, die stellenweise an ungewöhnlich hohen, steilen Hängen wachsen. Ähnlich sah es an vielen Stellen auf der Nehrung aus, bevor sie der Mensch im 17. / 18. Jahrhundert radikal abholzte, dem Weidevieh freien Lauf ließ und die Heideflächen abbrannte. Die Folge war eine weiträumige Aktivierung

▶ *Wanderdüne am Kurischen Haff südlich von Nidden (Nida). - Wenn der Wind aus westlicher Richtung weht, wird unablässig Sand von links über den mehr als 50 Meter hohen Dünenkamm geblasen. Hier fällt er zu Boden und rutscht hangabwärts. So wandert die Düne langsam weiter ins Haff hinein. Durch die gewaltige Auflast des Sandes wird der verschüttete plastische Haffmergel herausgequetscht. Dabei entstehen die auffallenden Uferwälle, die bereits bewachsen sind.*

der Sandmassen. Der Wind trieb sie zu Wanderdünen zusammen, die sich bei natürlichen Küstenveränderungen in unseren Breiten kaum entwickeln können. Die zum östlichen, haffseitigen Ufer wandernden, oft über 50 Meter hohen Dünen verschütteten einige der dort liegenden kleinen Fischerdörfer - und die noch verbliebenen Wälder. Deren Reste tauchten später auf der Westseite der Wanderdünen wieder auf.

Die verhängnisvolle Sandwanderung kam erst zum Stillstand, als man vor etwa 150 Jahren damit begann, ein aufwändiges System von Sandfangzäunen zu bauen und große Flächen mühsam neu zu bepflanzen. Heute ist der größte Teil der Kurischen Nehrung wieder bewaldet. Es gibt aber südlich von Nidden (Nida), dem größten und attraktivsten Erholungsort auf der Nehrung, noch ein ausgedehntes Gebiet mit gewaltigen, über 60 Meter hohen aktiven Wanderdünen, die sich beständig gegen das Haff vorschieben. Dieses Areal erreicht man am besten zu Fuß vom Ort Nidden aus. Wer den Weg längst des Haffufers benutzt und dann den Dünenzug erklimmt, der überblickt von dessen Höhe aus eine wahrhaft grandiose Landschaft. Hinter dem weiten „Tal des Todes“ erstreckt sich längs des Haffufers über viele Kilometer der gewaltige durchgehende Wall der Wanderdüne, der steil zum Haff hin abfällt. Bei Westwind weht beständig eine Sandfahne über die Dünenkante - die Düne „raucht“. Auf der Leeseite rutscht der Sand den Steilhang hinab zum Haffufer. Bei Sturm weht der

Wind den Sand direkt ins Haff. Diese beeindruckende Dynamik ist leider nur aus der Ferne zu betrachten. Einerseits ist das Gebiet Kernzone des Nationalparks, andererseits schneidet gerade hier die litauisch-russische Grenze die Nehrung in zwei Teile. Auch im südlichen - russischen - Teil gibt es, nahe Rossitten (Rybatschi), noch derartige Wanderdünen.
Dem Wanderdünengebiet im nördlichen Teil der Nehrung, südlich von Schwarzort, fehlt heute der Sandnachschub. Deshalb sind weite Flächen bereits mit fei-

◂ *Ufer am Kurischen Haff südlich von Schwarzort (Juodkrante). - Dieser Erlenwald am Haffufer wächst auf alten Mergelwällen. Die Muscheln und Schnecken im Angespül des Strandes (rechts) zeigen deutlich, dass in diesen Bereich des Kurischen Haffs kein Salzwasser gelangt - es sind Arten, die nur im Süßwasser leben.*

▾ *Außenküste der Kurischen Nehrung südlich Klaipeda (Memel). - Da der Sand an der Außenküste der Nehrung überwiegend in nördlicher Richtung transportiert wird, liegen hier im Norden die breitesten Strände.*

◄ *Blick über die Neegelsche Bucht am Kurischen Haff zu den Graudünen südlich von Schwarzort (Juodkrante). - Auch die Wanderdünen der Kurischen Nehrung „altern" auf natürliche Weise. Sie überziehen sich mit einer Pflanzendecke und werden zu Graudünen, auf denen sich langsam Bäume und Sträucher ansiedeln (oben).*

nen Gräsern, Moosen und Flechten bewachsen. Es haben sich charakteristische Graudünen entwickelt. Schon wagen sich von der westlichen Waldkante her einzelne Zwergsträucher, Birken und Kiefern gegen die Dünen vor und lassen die künftige Entwicklung ahnen. Etwa auf halben Wege zwischen Schwarzort und Nidden führt ein Wanderweg, teilweise auf Bohlenstegen, durch den Wald, die Gegenwälle und das Kupstenareal zur höchsten Stelle der Graudünen. Die Aussicht von hier über Dünen, Wälder, Meer und Haff ist wahrhaft überwältigend.
Am nördlichsten Punkt der Nehrung, direkt gegenüber dem Hafen von Memel (Klaipeda), liegt die restaurierte Festung Kopgalis, in der heute das Litauische Meeresmuseum seine bemerkenswerten Ausstellungen und Meeresaquarien präsentiert. Wenige Schritte davon entfernt stößt man auf das Informationszentrum des Nationalparks Kurische Nehrung, in dem der Besucher vieles über Natur und Landschaft der Nehrung erfährt. Unweit davon befördert eine Fähre die Besucher der Nehrung über das natürlich entstandene Memeler Tief, das einzige Stromtor zwischen Nehrung und Meer, hinüber nach Klaipeda.

Kurisches Haff

Das rund 1.600 Quadratkilometer große Gewässer ist das weitaus größte aller Ostsee-Haffe. Im Süden, dort wo das fischreiche Kurische Haff am breitesten ist, lässt es sich selbst von den höchsten Dünenzügen der Kurischen Nehrung nicht überschauen. Die Haffküste an

der Nehrung bietet viel Abwechslung. Neben dem „üblichen" Schilf- und Binsengürtel gibt es auch undurchdringlichen Uferbruchwald, schöne Sandstrände und eigenartige Mergelwälle, welche durch die Last der Dünen aufgepresst werden. An manchen Stellen stößt man auf die Spuren einer bemerkenswerten Küstendynamik: Uferabbrüche, Strandwälle und Primärdünen. Im Angespül der Strände findet man fast ausschließlich die Schalen von Süßwassermuscheln und -schnecken. Sie zeigen an, dass im Wasser des Haffs kein Salz vorhanden ist.

An der Festlandsseite ragt der Moränenkeil der Windenburger Ecke kilometerweit ins Haff hinein. Seine markante Landspitze wird von einem originellen Leuchtturm gekrönt. Auf weiten Strecken sind die östlichen Haffufer flach und feucht. Die ausgedehnten Wiesen, Bruchwälder, Moore und Sümpfe des Mündungsdeltas der Memel, teilweise eingedeicht und von vielen Wasserläufen durchzogen, grenzen hier ans Haff.

▲ *Blick vom Leuchtturm in Nidden (Nida) längs der Kurischen Nehrung nach Norden. - Oben links erkennt man die Ostsee, oben rechts das Kurische Haff.*

▼ *Fischerhaus am Ufer des Kurischen Haffs in Nidden (Nida), dem Hauptort der Kurischen Nehrung. - Die nördliche Hälfte der Nehrung mit Nidden gehört zu Litauen, die südliche zu Russland.*

BERNSTEINKÜSTE

Eine besondere Faszination geht aus von diesem warm glänzenden Stein, der an vielen Sandstränden der südlichen Ostseeküste besonders nach Stürmen gefunden wird: Bernstein, das „Gold des Meeres". Der Baltische Bernstein, wie er zur Unterscheidung von vielen anderen Bernsteinarten exakt bezeichnet wird, entstand natürlich nicht im Meer. Das fossile, versteinerte Harz längst ausgestorbener Nadelbäume bildete sich im Tertiär, vor etwa 40 Millionen Jahren, auf einem Festland im nördlichen Teil der heutigen Ostsee. Durch Flüsse gelangte der Bernstein viele Millionen Jahre später ins Tertiärmeer. An dessen Küste gab es ein weitläufiges, sandiges Flußdelta, in dem sich besonders große Mengen Bernstein ablagerten. Die meisten Ablagerungen dieses Meeres wurden vom Inlandeis abgetragen und der Bernstein dabei über ein weites Gebiet verstreut. Deshalb ist er heute auch an vielen Stränden an der südlichen Ostsee, ja sogar im Binnenland zu finden. An einer Stelle der Ostseeküste blieben aber Reste der Ablagerungen des Flußdeltas erhalten: die bernsteinreiche „Blaue Erde" auf der Halbinsel Samland zwischen der Frischen und der Kurischen Nehrung. Hier liegt die eigentliche Bernsteinküste und die größte Bernsteinlagerstätte der Welt.

Schon seit Jahrtausenden arbeitet die Ostsee an der Küste des Samlands. Dabei wusch sie riesige Mengen von Bernstein aus den Steilufern, trug ihn weg und lagerte ihn am Meeresboden ab. Bei Stürmen wurde er aufgeschwemmt, am Strand ausgeworfen und brauchte nur noch eingesammelt werden.

Bereits zur Zeit des Römischen Reiches holte man Bernstein vom Samland, um ihn in den Zentren der Hochkultur zu verarbeiten. Noch im 16./17. Jahrhundert reichten die umfangreichen Strandfunde aus, um den großen Bedarf zu befriedigen. Bernstein gehörte aber immer dem jeweiligen Landesherrn. Am Strand sammeln durfte nur, wer dazu den Auftrag hatte. Jedem anderen drohte der Galgen - das „Bernsteinregal" war ein strenges Gesetz.

Als der Bernsteinbedarf immer größer wurde, grub man ihn etwas landeinwärts der Samlandküste bei Palmnicken (heute Jantarny) aus der Blauen Erde. Dazu wurde ein Tiefbau angelegt, also ein richtiges Bergwerk. Später baggerte man dort einen großen Tagebau, in dem auch heute noch Bernstein gewonnen wird. Ein in jüngerer Zeit direkt am Strand angelegter Tagebau wurde beim Sturm „Anatol" 1999 überflutet.

Längst sind bemerkenswerte Strandfunde an der Bernsteinküste selten geworden. Doch nach Stürmen liegen immer noch unzählige kleine goldglänzende Stückchen am Spülsaum der Strände von Samland und Frischer Nehrung.

Von oben nach unten:

Bernsteinstechen vom Boot aus
Mit langen Stangen brachte man am Meeresgrund liegende große Stücke zum Aufschwimmen, um sie dann mit Keschern einzufangen.

Strandlese
Über Jahrhunderte war das Aufsammeln von Bernstein am Strand die wichtigste Quelle für das begehrte „Gold des Meeres".

Bernsteinfischen nach einem Sturm
Weil nur ein Teil des Bernsteins am Strand ausgeworfen wird, fischte man mit langstieligen Keschern nach den noch im flachen Wasser vor dem Ufer treibenden Stücken.

Vom Ostsee-Bernstein gibt es verschiedene Varietäten - von klar gelb, über leicht getrübt bis hin zu knochenartig weiß.

DIE LETTISCHE AUSGLEICHSKÜSTE

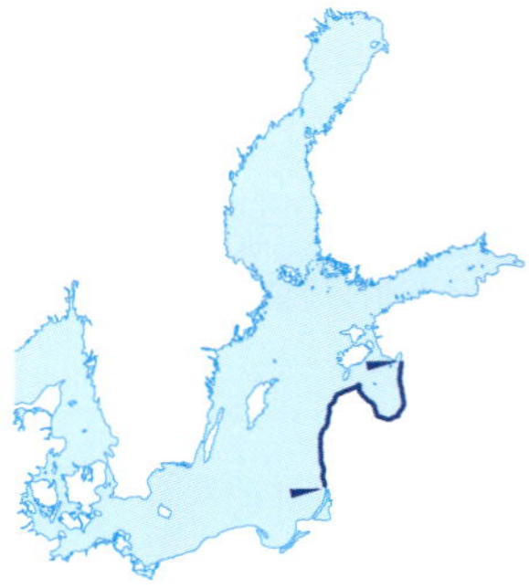

Kurland und Rigaer Bucht

Nördlich der Haff-Nehrungs-Küste verläuft das Ostseeufer wieder „einspurig" und ausgeglichen, behält aber ungefähr die Richtung bei. Erst am Kap Kolka, dem nördlichsten Punkt der lettischen Küste, biegt die Küstenlinie scharf nach Südosten um. Hier öffnet sich das gewaltige Rund der Rigaer Bucht, in dem die gesamte Inselwelt der Beltsee Platz fände. Mit ihren steilen Moränenkliffs, weiten Seesandebenen und ausgedehnten Strandseen ist die lettische Küste abwechslungsreicher als sie beim ersten Blick auf die Karte erscheint.

Vom ersten Eindruck her scheinen manche der lettischen Ufer völlig denen der westlichen Ostsee zu gleichen. Sicher besitzen sie oft ganz ähnliche Formen - aber ihre Geschichte verlief anders. Denn ein durchgehender, unterschiedlich breiter Streifen längs der heutigen Küste war vor rund 10.000 Jahren vom Baltischen Eissee überflutet. Dessen Wellen glätteten die eiszeitlichen Moränen, füllten Senken aus. Sie formten eine stellenweise mehr als 20 Kilometer breite Küstenebene. Der kundige Betrachter erkennt heute weit landeinwärts die einstigen Uferlinien des Eissees mit ihren fossilen Kliffs und vorgelagerten Inseln. Nach dem Ablaufen des Eissees lag die Landschaft für einige Jahrtausende trocken, das Land wurde gehoben.

Erst vor rund 4.000 Jahren schlugen wieder Wellen - die des Litorinameeres - gegen das Land. Sie formten an den Rändern der Eissee-Küstenebene neue Steilufer und schufen somit auch eine neue Uferlinie mit Inseln und Buchten - und eine zweite, etwas tiefer gelegene Küstenebene. Aber die Landhebung ging weiter. Heute liegen auch die Kliffs aus der Litorinazeit landeinwärts, wo sie als markante Landstufe auffallen. Inzwischen ist die nächste, die heutige Küstenlinie entstanden. Auf der stellenweise zehn Kilometer breiten litorinazeitlichen Küstenebene liegen ausgedehnte Sandflächen - Strandwallsysteme mit Dünen. Dahinter gibt es vielfach weite flache Strandseen mit breiten Verlandungszonen - mit Mooren und Sümpfen.

Zwischen Klaipeda und Ventspils

An der zuerst nach Norden, dann nach Nordosten verlaufenden litauischen Ausgleichsküste wechseln Dünenwälle vor Küstenebenen und Kliffs. Unmittelbar nördlich von Klaipeda dominieren, ähnlich wie auf der Kurischen Nehrung, die Dünenwälder. Hier ist das Moränenkliff von mächtigen Sandmassen überdeckt. Weiter nördlich aber weicht die Grundmoränenlandschaft bald landeinwärts zurück. Schon wenig südlich der litauisch-lettischen Grenze, auf Höhe des gern besuchten Ostseebades Palanga mit seinem weltberühmten Bernsteinmuseum, bewegt man sich bei einer Fahrt längs der Ostsee auf der litorinazeitlichen Küstenebene. Bald berührt die Straße den Liepaja-See, einen 15 Kilometer langen Strandsee, dessen Verbindung zum Meer gleichzeitig den Hafen der Stadt Liepaja bildet. Von dort führt die Küstenstraße nach Ventspils zuerst landeinwärts und verläuft streckenweise direkt am Fuße eines steilen Hanges - auf dem früheren Strand vor dem fossilen Kliff aus der Litorinazeit.

Auf halber Entfernung zwischen Liepaja und Ventspils fehlt aber auf langer Strecke die litorinazeitliche Küstenlinie. Hier hat die Ostsee ihre Kliffs direkt an der vom Eissee geformten Küstenebene aus eiszeitlichen Ablagerungen geformt. Einige Abschnitte der Uferzone zwischen Pavilosta und Jurkalne sind stark vom Abbruch betroffen und bieten ganz ähnliche Bilder wie die Moränenkliffs an der deutschen Ostseeküste. Dieser sehr ursprüngliche Uferabschnitt ist nicht nur der höchste Lettlands, sondern zählt auch zu den landschaftlich schönsten.

► *Ausgleichsküste bei Jurkalne zwischen Liepaja und Ventspils. - Diese Uferzone ist die höchste an der gesamten etwa 475 Kilometer langen Ostseeküste Lettlands.*

Von Ventspils zum Kap Kolka

Die alte Stadt Ventspils, das frühere Windau, liegt unmittelbar an der Mündung der Venta. Die Flussmündung bildet einen fast immer eisfreien Tiefwasserhafen, der den Bau eines riesigen Ölterminals nach sich zog. Etwa zehn Kilometer nordöstlich von Ventspils beginnt eine breite, durchgehend bewaldete Strandwall-Landschaft, die sich über 60 Kilometer bis zum Kap Kolka erstreckt: die gehobene Küstenebene aus der Litorinazeit. Mit seinen breiten Stränden und Dünenwäldern ist dieser kaum besiedelte Küstenabschnitt nur wenig vom Menschen beeinflusst. Dafür zählt er zu den besonders dynamischen. Man hat errechnet, dass hier alljährlich bis zu eine Million Kubikmeter Sand längs der Küste wandern. Kap Kolka, der nördlichste Punkt Lettlands, wich seit 1890 um mehr als 400 Meter zurück. Der Sandhaken an seiner Landspitze, die ein viel besuchtes Ausflugsziel ist, verändert sich beständig in Form und Größe. Seit wenigen Jahren stehen die wertvollsten Areale dieser Küstenlandschaft mit ihrer interessanten Pflanzenwelt als „Nationalpark Kap Kolka" unter Schutz.

Im Westen der Rigaer Bucht

An der wenig spektakulären, flachen Westküste der Rigaer Bucht reicht auf langer Strecke der Kiefernwald bis an den Rand des niedrigen Dünenkliffs. Davor gibt es Sandstrände, auf denen in manchen Abschnitten sogar Schilf wächst. Südlich des Landvorsprungs von Mersrags liegt der Naturpark Engure-See, ein 16 Kilometer langer, durch eine Nehrung von der Bucht abgeschnürter flacher Strandsee mit einem Gewirr von Schilfinseln und ausgedehnten Verlandungszonen. Diese amphibische Landschaft ist ein wahres Paradies für Wasservögel.

Jurmala

Im südlichsten Teil der Rigaer Bucht erstrecken sich im sanften Rund auf 30 Kilometer Länge breite, sehr feinsandige Strände. In den Kiefernwäldern dahinter liegen Urlaubsquartiere für Zehntausende - die Erholungsstadt Jurmala (d. h. Meeresstrand) - das größte, beliebteste und am stärksten frequentierte Urlaubsgebiet Lettlands, quasi ein Vorort der Landeshauptstadt Riga mit Autobahn- und S-Bahn-Anbindung. Landseitig wird die Nehrung vom Fluss Lielupe begrenzt, dem es erst nach langem Lauf längs der Nehrung gelingt, ins Meer zu münden.

Auch östlich der durch gewaltige Molen eingefassten Mündung der Düna (Daugava) gibt es eine Nehrung mit feinsandigen Stränden. Hier kann man zwar baden, aber Natur und Landschaft stehen streng unter Schutz. Besonders beeindruckend in diesem Naturpark ist die 18 Kilometer östlich der Daugava liegende Mündung der Gauja, die vom Menschen völlig unbeeinflusst ihr Was-

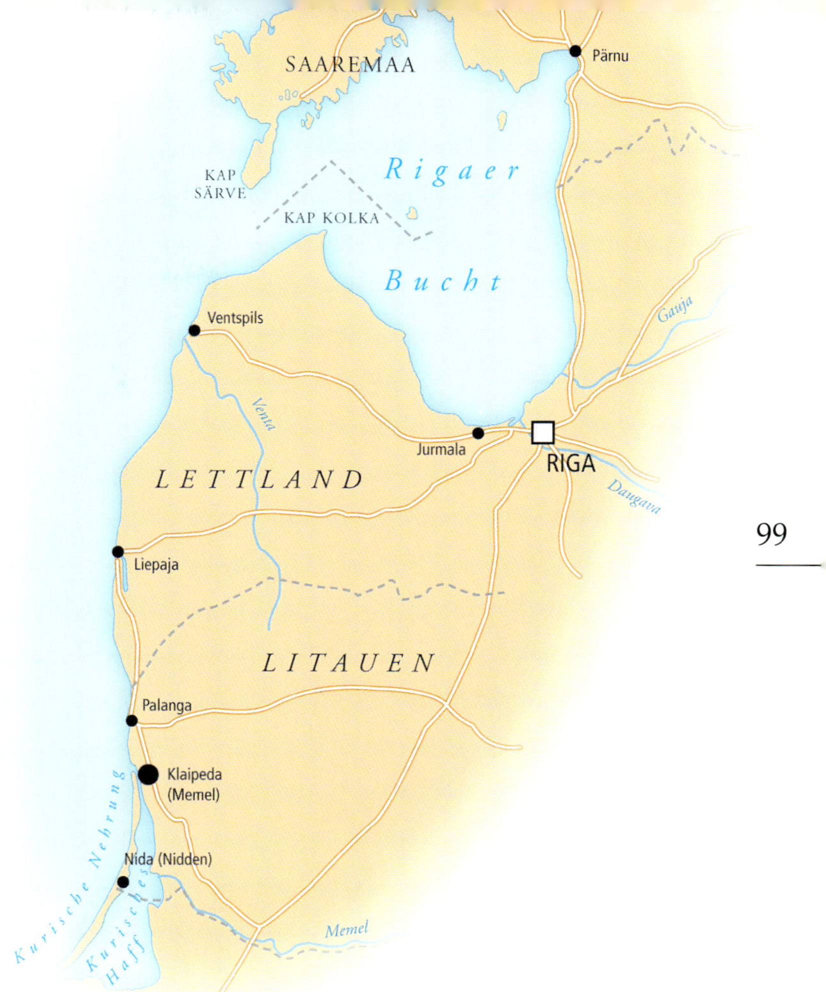

◄ *Geschiebelehmkliff bei Jurkalne. - Das höchste lettische Steilufer erinnert sehr an manche dänischen, deutschen oder polnischen Küstenabschnitte. So wie diese unterliegt es einer beständigen Abtragung, durch die immer neuer Sand freigesetzt und hier nach Norden transportiert wird.*

▼ *Mündung der Irbe nordöstlich von Ventspils. - Im Hebungsgebiet der Küstes zwischen Ventspils und Kap Kolka dominiert der Sand, der in riesigen Mengen parallel zur Küste wandert. So haben es die kleinen Flüsse schwer, ihren Weg zum Meer zu finden: Immer wieder wird ihre Mündung verschüttet und sie müssen sich einen neuen Abfluss bahnen.*

▲ *Ufer der Rigaer Bucht bei Tuja nordöstlich von Riga. - Die niedrigen Steilufer an der Ostküste der Rigaer Bucht bestehen streckenweise aus rötlichem oder hellgrauem Sandstein. Die rund 350 Millionen Jahre alten Sedimentgesteine aus dem Devon gehören zum Schichtkomplex der Osteuropäischen Tafel und treten nur an diesem Küstenabschnitt der Ostsee zu Tage.*

► *Sandsteinkliff bei Tuja. - Der intensiv rote Sandstein zeigt tiefe Brandungshöhlen, die bei schweren Winterstürmen entstanden.*

ser in die Bucht schickt. Hier kann man sogar die für sandige Küsten charakteristische kleine Sandinsel beobachten, die unmittelbar vor einer Flussmündung im Meer liegt und Position wie Form häufig ändert - eine Mündungsinsel. Das traditionsreiche Museum für Naturkunde Lettlands im Stadtzentrum von Riga bietet in seinen Ausstellungen umfassende Informationen über die lettische Küste und deren Dynamik.

Das Ostufer der Rigaer Bucht

Die Ufer im Osten der großen Bucht unterscheiden sich deutlich von allen anderen in Lettland. Hier fehlen die charakteristischen Litorina-Bildungen. Das Wasser arbeitet also an der schmalen Küstenebene aus der Zeit des Eissees. Und die besteht im nördlichen Teil der lettischen Ostküste nicht aus eiszeitlichen Ablagerungen, sondern meist aus uraltem Sandstein und Ton. Wer vom kleinen Fischerdorf Tuja auf dem Sandstrand nach Norden wandert, der stößt zuerst am Strand auf intensiv rote und grüne Tone und dann, ein Stückchen weiter, auf das einzige Kliff aus rotem Sandstein, das die Ostsee zu bieten hat. Nochmals einige Kilometer nördlich, bei Rozkalni, gibt es Kliffs aus hellgrauem Sandstein. Dort hat das Meer an wenigen Stellen sogar tiefe, sich verzweigende Brandungshöhlen ausgewaschen. Diese

auffallenden Gesteine sind rund 350 Millionen Jahre alt und stammen aus dem Devon. Sie gehören also zum Gesteinskomplex der Osteuropäischen Tafel, der hier erstmals unter den eiszeitlichen Ablagerungen auftaucht. Dieser abgelegene Uferabschnitt mit seinen besonderen Kliffs, den großen Geschiebefeldern und den romantischen Taleinschnitten, welche Bäche und kleine Flüsse kurz vor ihrer Mündung am Steilufer bilden, ist sicher der landschaftlich ungewöhnlichste in Lettland.

▶ *Strand vor Jurmala unweit Riga. - Am feinsandigen Strand vor dem größten lettischen Ostseebad - praktisch Vorort der Landeshauptstadt - herrscht im Sommer Massenbetrieb.*

▼ *Mündung der Gauja nordöstlich von Riga. - Während die Düna (Daugava), der größte lettische Fluss, an seiner Mündung durch Molen eingeengt ist, strömt die Gauja vom Menschen völlig unbeeinflusst in die Rigaer Bucht. Sogar die für Sandküsten typische Mündungsinsel, die ihre Position häufig ändert, ist hier zu finden.*

KÜSTENDÜNEN

Sobald der Strandsand trocknet, beginnt ihn der Wind zu verwehen - meist längs oder quer zum Strand, aber auch landeinwärts. Je stärker der Wind, desto mehr Sand ist in der Luft. Oft wird es dabei im Sommer ganz unangenehm am Strand. Aber gerade dann kann man gut beobachten, wie sich hinter kleinen Hindernissen winzige Sandfahnen bilden, die langsam wachsen. Auf diese Weise entstehen die niedrigen Vordünen, die meist vom nächsten Hochwasser wieder weggespült werden. Können sie sich aber ungestört weiter entwickeln, so wachsen sie beständig zu mehrere Meter hohen Sandhügeln an - zu den für viele Flachküsten der Ostsee charakteristischen Weißdünen. Je nach der Lage des Strandes zur Hauptwindrichtung und abhängig vom Sandangebot bilden sich an der Ostseeküste vielfach Küstendünen von 10 bis 15 Meter, ausnahmsweise auch einmal von mehr als 20 Meter Höhe. Besonders hohe entstehen dort, wo der Wind überwiegend im rechten Winkel auf die Küste trifft.

Im lockeren, beweglichen Dünensand der Weißdünen haben es Pflanzen schwer, Fuß zu fassen. Erst allmählich siedeln sich robuste Gräser wie Strandhafer und Strandroggen an. Sie legen mit ihrem dichten Wurzelwerk den Sand fest. Langsam folgen dann die ersten niedrigen Kräuter, Moose und Flechten. Irgendwann weichen die hohen Gräser den feineren Arten. So werden die Weißdünen zu Graudünen, die mit einer niedrigen geschlossenen, graugrünen Pflanzendecke überzogen sind.

Später, wenn sich allmählich ausreichend Humus angereichert hat, bewachsen die Graudünen mit Zwergsträuchern wie Krähenbeere und Heidekraut - sie werden zu Braundünen. Bald zeigen sich dann die ersten Kiefern und Birken, die schließlich zu einem Dünenkiefernwald heranwachsen.

So vollzieht sich die natürliche Entwicklung der Dünen an einer Anlandungsküste - vorausgesetzt, dass Ereignisse wie Sturmfluten oder Eingriffe des Menschen nicht stören. Die gewaltigen Sandmassen der Wanderdünen am Lebasee und auf der Kurischen Nehrung konnten sich nur anhäufen, weil der Mensch großflächig die Dünenkiefernwälder abholzte. Von den dadurch bloß gelegten riesigen Sandflächen konnte der Wind ausreichend Sand zusammentragen, um die bis zu 60 Meter hohen Dünenwälle anzuhäufen.

▲ ***Sandhammeren im Südosten der Halbinsel Schonen***
An diesem breitesten aller Ostseestrände kann man die Entstehung von Vordünen, die auch „Urdünen" oder „Primärdünen" genannt werden, besonders gut beobachten.

▼ *Schnitt durch eine Dünenlandschaft an einer Anlandungsküste.*

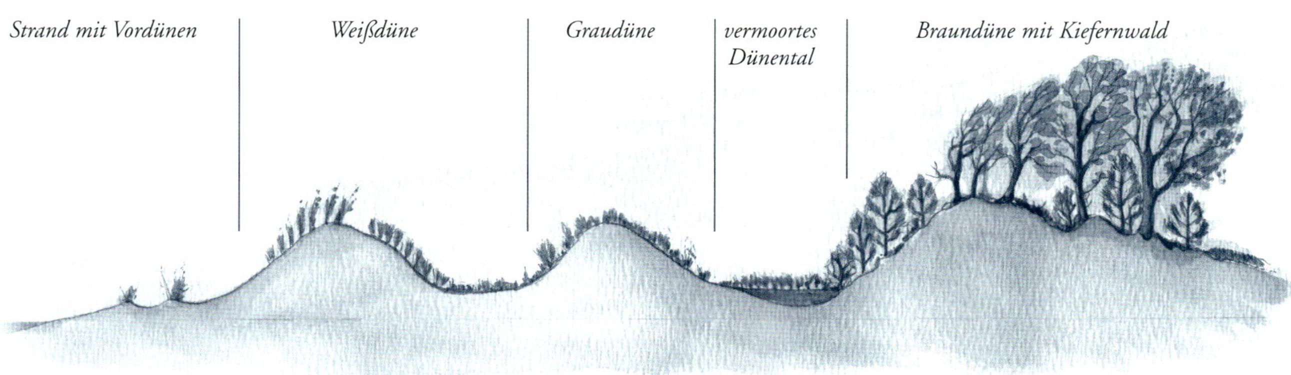

DIE UFER DER GROSSEN KALKSTEININSELN

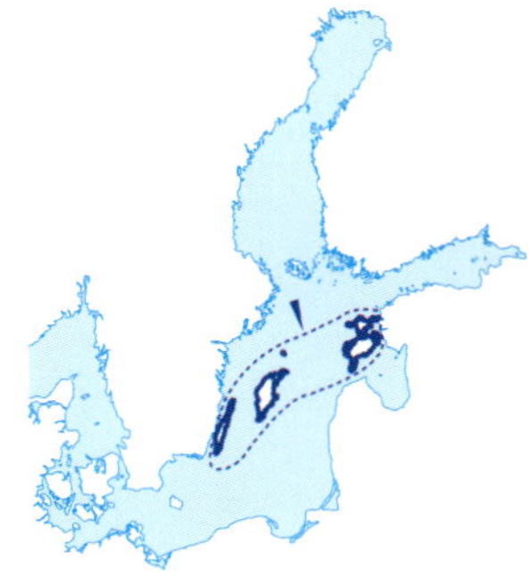

Öland, Gotland, Saaremaa und Hiiumaa

Die größten Inseln der zentralen Ostsee stellen landschaftlich etwas ganz Besonderes dar. Ihre Küsten werden geprägt von den uralten Ablagerungsgesteinen der Osteuropäischen Tafel. Auf langen Abschnitten der Ufer bildet Kalkstein markante Kliffs. An vielen Stellen trifft der Strandwanderer auf bizarre Felsformationen. Auffallende Geländestufen verlaufen auf weiten Strecken parallel zu den Inselküsten - teils als Steilufer, teils etwas landeinwärts. Dieser „Baltische Glint" - zwei etwa parallel verlaufende, viele Millionen Jahre alte Schichtstufen - verleiht manchen Ufern einen originellen, stellenweise exotischen Charakter.

Zu den uralten Sedimentgesteinen am Baltischen Glint zählt der „Ölandstein", sicher eines der bekanntesten Gesteine an der Ostseeküste. Der rotbraune oder grünlichgraue, plattige Kalkstein enthält zahlreiche Reste von Kopffüßern. Nach diesen Fossilien wird er auch als „Orthocerenkalk" bezeichnet. Die rund 480 Millionen Jahre alte Meeresablagerung des Ordoviziums, aus der nahezu die gesamte Insel Öland und die nördliche Hälfte von Hiiumaa bestehen, besitzt eine ausgeprägte Schichtung. An ihr lässt sich leicht erkennen, dass die Oberfläche des überall an der Westküste Ölands zu Tage tretenden Kalksteins einheitlich leicht nach Südosten einfällt.
Die wie eine Kompassnadel geformte, 140 Kilometer lange Insel Öland besitzt praktisch nur West- und Ostküste. Beide haben einen sehr voneinander abweichenden Charakter, dessen auffallende Unterschiede gerade eben auf dieser geringen Neigung der Kalksteinschichten beruhen, die an der Westküste etwas höher liegen. Dort kann man nahezu auf der gesamten Länge eine Schichtstufe beobachten - den ordovizischen Glint, der im nördlichen Teil der Insel unverwechselbare Steilufer bildet. An der Ostküste Ölands sowie an ihren beiden Spitzen tauchen die Schichten dagegen allmählich unter den Meeresspiegel ab und verursachen damit die dort völlig flache Küste.

Ölands Glintküste
Jeder, der den Kalmarsund auf der beeindruckenden Ölandbrücke überquert, erkennt die bewaldete Geländestufe der Westküste. Im Süden der Insel ist ihr eine unterschiedlich breite Uferebene mit älteren Gesteinen vorgelagert. Auf ihrem höchsten Punkt, etwa 25 Kilometer nördlich der Brücke, liegt die gewaltige Ruine von Schloß Borgholm, von deren Höhe aus der Blick weit über den Kalmarsund reicht. Weiter nördlich, bei Åleklinta, rückt der Glint als Steilufer an die Küste heran. Der rund 40 Kilometer lange Uferweg bis nach Byxelkrok führt längs der sehr abwechslungsreichen, bis zu 15 Meter hohen Kalksteinkliffs. Was ursprüngliche Natur zu sein scheint, ist an vielen Stellen vom Menschen geformt. Er baute im Laufe der vergangenen 800 Jahre auf langen Uferstrecken den „Ölandstein" ab und verschiffte den beliebten Baustein in großer Menge über die Ostsee. Bei Sandvik kommt der Wanderer an ufernahen Steinbrüchen vorbei, in denen noch heute Kalkstein gewonnen wird. Wenig nördlich, in der sanften Bucht von Jordhamn, steht sogar noch eine archaisch anmutende Windmühle, mit der früher Kalkplatten geschliffen wurden. Das fossilreiche Strandgeröll auf diesem Küstenabschnitt rührt meist vom Abraum her, der einfach ins Meer gekippt wurde.
Die schönsten Uferpartien liegen noch weiter nördlich. Meer und Frost haben aus dem Kalkstein das bekannteste Naturdenkmal der Insel geformt: die Rauken von Byrum. Zwischen Byrum und Byxelkrok tritt der Wald bis an die schönen Kliffs aus intensiv rotem Orthocerenkalk heran. „Neptuns Felder" unmittelbar nördlich Byxelkrok sind ausgedehnte fossile Strandwälle aus feinem hellen Kalksteingeröll, so benannt vom schwedischen Naturforscher Carl von Linné, der 1741 diese Steinfelder besuchte, als gerade der blaue Natterkopf üppig blühte. Am Ufer erscheint das niedrige Kalksteinkliff wie geschliffen. Dieser nur wenige hundert Meter lange

▶ *Die Rauken von Byrum. - An der Westküste der Insel Öland ist der charakteristische „Ölandstein" an vielen Stellen aufgeschlossen und bildet niedrige Steilufer. Hier bei Byrum haben Frost und Meer markante Felsformen herausgearbeitet, die man in Schweden als „Raukar" bezeichnet.*

Küstenabschnitt zeigt tatsächlich noch den Schliff des Inlandeises. Kaum an einer anderen Stelle auf den Inseln blieben derartige Spuren so gut im Kalk erhalten. Wenig weiter nördlich tauchen die Kalksteinschichten unter den Meeresspiegel ab. Der „Lange Erik", ein schlanker weißer Leuchtturm, markiert Ölands Nordspitze an der Grankullavik, einem großen Strandsee.

Die Ostküste Ölands

Das Bild der öländischen Außenküste wird geprägt von der flach ins Meer hinein laufenden Kalksteinplatte. Obwohl vor dieser Küste, nach Süden und Osten hin, hunderte Kilometer freies Wasser liegen, kommt die Brandung am Ufer kaum zur Wirkung, denn die Wellen brechen sich schon weit draußen im flachen Wasser über dem Kalksteingrund. An manchen Uferabschnitten dieser Flachküste liegt der nur mit Geschieben bestreute Kalkstein völlig bloß. Meist aber bedeckt ihn eine dünne Sand- oder Geröllschicht. Trockenrasen auf niedrigen Strandwällen und Uferwiesen mit Steinmauern sind charakteristisch, hin und wieder schmale Sandstrände. Eine solche Landschaft findet der Besucher auch an der Südspitze der Insel - an Ölands Södra Udde. Diese weite Flachküste überblickt man am besten vom Leuchtturm

► *Ufer bei Byxelkrok im Norden Ölands. - Wie überall an der Westküste der Insel bildet auch hier Kalkstein, Orthocerenkalk, das Ufer. Zwischen dem plattigen Strandgeröll gedeiht der Meerkohl, die stattlichste aller „salzholden" Pflanzen, besonders prächtig.*

▼ *Versteinerte Kopffüßer („Orthoceren") im Ölandstein. - Die langgestreckten, gekammerten Gehäuse dieser Fossilien - das längste der drei misst etwa 15 Zentimeter - sind die charakteristischen Einlagerungen im Ölandstein, der danach auch seinen Namen „Orthocerenkalk" erhielt. Dieses Stück wurde gesägt, geschliffen und poliert. Es zeigt die Längsschnitte der Gehäuse.*

„Langer Jan“. Zu seinen Füßen liegt das „Ottenby Naturum“, ein naturkundliches Informationszentrum, in dem man viel über die eigenwillige Natur und Landschaft Ölands erfährt - vor allen Dingen auch über die zahlreichen Seevögel, die hier brüten und rasten.
In ihrem nördlichen Teil wird die Ostküste feingliedrig mit kleinen Buchten und Halbinseln. Stellenweise scheinen die Uferwiesen ins Wasser hinein zu laufen. Doch nördlich von Böda ändert sich das Küstenbild grundlegend: Da hier der flache Kalksteingrund tiefer liegt, konnte sich die schönste Badebucht der Insel bilden. Der fast zehn Kilometer lange „Flygsand“ mit breitem Sandstrand, Dünen und Kiefernwald könnte durchaus an der Südküste der Ostsee liegen. Hier drängen sich während der Sommersaison die Urlauber. Ebenso wenig wie der Flygsand passt der sich anschließende, überwiegend aus runden, weißlichen Sandsteingeröllen bestehende Strand vor dem „Trollwald“ im äußersten Nordosten ins übliche Bild der Insel.

Gotland

An manchen Ufern der größten Insel in der zentralen Ostsee meint man, sehr viel weiter südlich zu sein. Tatsächlich vermitteln einige der bei hellem Sonnenschein fast weiß erscheinenden Kliffs einen mediterranen Eindruck. Wie auf Öland bildet auch hier Kalkstein die Steilufer. Aber die jüngeren, etwa 420 Millionen Jahre alten Gesteine an Gotlands Küste sind stärker differenziert. Neben dem massiven, hauptsächlich aus Korallenresten bestehenden Kalkstein (Korallenkalk) gibt es grauen, schiefrigen, stärker tonigen Kalkstein (Mergelstein) - und viele Übergänge zwischen beiden. Auf diesem Unterschied der Gesteine beruhen auch die landschaftlichen Kontraste an Gotlands Küste, der häufige Wechsel von Flach- und Steilküste. Wer sie erkundet, wird vielfach ganz allein am Ufer sein, denn Gotland ist riesengroß und auch im Sommer nicht überlaufen. Die markantesten Kliffs der Insel liegen an der West- und Nordwestküste und zeichnen den silurischen Glint nach.

Linke Seite:
Abrasionsplatte am Westufer Ölands, nördlich von Byxelkrok. - Die nahezu waagerecht lagernden Schichten von Orthocerenkalk - hier in seiner grauen Variante - zeigen zahlreiche meterlange Abdrücke von Kopffüßern. Der sanfte Uferhang links oben markiert den Baltischen Glint, eine uralte Landstufe.

▲ *Kliff aus Orthocerenkalk an der Westküste Ölands, nördlich von Byrum. - Im Norden der Insel reicht zwischen Byrum und Byxelkrok ein ausgedehntes Waldgebiet bis an das niedrige Steilufer. Solche niedrigen Kliffs bestimmen das Bild an der öländischen Westküste.*

◄ *Ostküste der Insel Öland bei Gärdslösa. - Die über 120 Kilometer lange Ostküste Ölands ist ausnahmslos Flachküste. Hier tauchen die leicht nach Osten geneigten Kalksteinschichten ins Meer ab und liegen meist unter einer geringen Sanddecke. Feuchte Uferwiesen, schmale Sandstrände sowie zahlreiche Geschiebe bestimmen das Bild dieser wenig dynamisch erscheinenden Außenküste.*

Fossilreiche, massige Kalksteine bilden am Högklint (dem „Hausberg" von Visby), bei Lickershamn, am Häftingsklint und am Hallshuk die beeindruckenden, oft überhängenden, stellenweise fast 50 Meter hohen Steilufer. Im Strandgeröll vor diesen Kliffs findet der Strandwanderer zahlreiche versteinerte Korallen. Angelehnt an die hier etwas landeinwärts verlaufende Steilstufe des Glints liegt Visby - die einst mächtige Hafen- und Hansestadt, die im Mittelalter zeitweise Dreh- und Angelpunkt des Ostseehandels war.

An der Südspitze der Insel ragt Hoburgen wie eine Festung aus dem Meer auf. Recht exotisch erscheinen die von Meer und Frost aus dem Kalksteinufer heraus modellierten bizarren Felsgebilde, die „Rauken". Besonders sehenswert ist das ausgedehnte Raukar-Feld am Ufer bei Holmhällar, im äußersten Süden der Insel. Solche Rauken stehen manchmal auch in kleinen Gruppen landeinwärts - beispielsweise oberhalb von Lickershamn oder am Rande des Klinteberges südlich Slite. Auch sie dokumentieren das beständige Zurückweichen der Küstenlinie durch Landhebung, die heute an manchen Küstenabschnitten Gotlands zu fortschreitender Verlandung führt. Die kann man besonders dort beobachten, wo der weichere Mergel flache Küstenabschnitte mit Buchten bildet, wie am Ufer der nur wenige Dezimeter tiefen Burgsvik im Inselsüden, in der bei Niedrigwasser ausgedehnte Kalkschlammbänke trocken laufen.

◄ *Blick von Högklint bei Visby nach Süden. - Der für Gotland charakteristische massige Kalkstein bildet auch hier am „Hausberg" von Visby das fast 50 Meter hohe Steilufer. Solche beeindruckenden Kliffs gibt es vor allen Dingen an der Nordwestküste der Insel und ganz im Süden, an der Landspitze Hoburgen.*

▼ *Fossilien aus dem Silurmeer. - Kleine Einzelkorallen („Kuhhornkorallen" und „Knopfkorallen"), winzige Korallenstöcke sowie Armfüßer zählen zu den häufigsten Funden im Strandgeröll vor den Steilufern auf Gotland. Die größten Stücke sind etwa drei Zentimeter lang.*

Ob Steil- oder Flachküste - überall an den Ufersäumen trifft der Naturfreund auf wahre Schätze der Pflanzenwelt. Wie auf den anderen Kalksteininseln blühen hier im späten Frühling zahlreiche Orchideen in vielen verschiedenen Arten. Die seltenen Adonisröschen gehören ebenso zu dieser „kalkholden" Flora wie große Bestände von Kuhschellen, Leberblümchen, Lerchensporn und Primeln. An manchen flachen Ufern gibt es ausnahmsweise sogar Sandstrände. Der weitaus längste und schönste liegt bei Tofta südlich von Visby und könnte als Gotlands Riviera gelten.

Die Karlsinseln

Wie zwei ins Meer gestellte flache Tafelberge erscheinen von der Westküste Gotlands aus die beiden Karlsinseln - die fünf bzw. sieben Kilometer westlich gelegenen Inseln Lilla Karlsö und Stora Karlsö - Große und Kleine Karlsinsel. Vor der Eiszeit lagen sie tatsächlich als „Inselberge" vor der Schichtstufe des silurischen Glints in der Landschaft. In ihre senkrechten Kliffs haben die Wellen des Ancylus-Sees vor ca. 8.000 - 9.000 Jahren riesige Brandungshöhlen geschlagen. Heute gibt es an den

▲ *Niedrigwasser an Gotlands Nordwestküste bei Lickershamn. - Abendstille liegt über dem Ufer. Im Flachwasser hat das winterliche Eis zahlreiche Geschiebe angehäuft. Im Hintergund erkennt man das „Jungfruklint" mit seinen bizarren Felsformationen.*

► *Kalksteinkliff südlich des Högklint bei Visby, Westküste Gotlands. - An diesem markanten Felsgebilde, das durch Frost aus dem Steilufer herausgelöst wurde, kann man die Entstehung einiger der markanten „Raukar"-Felsen erklären.*

Steilufern große Kolonien von Trottellummen und Tordalken. An flacheren Stellen brüten zahlreiche Eiderenten. Beide Inseln sind streng geschützte Naturreservate, die man aber bei Tagesausflügen per Schiff von Klintehamn bzw. Djupvik aus besichtigen kann.

Fårö

Die Gotland im äußersten Nordosten vorgelagerte große Insel besitzt einige besonders exotische Uferabschnitte. Im Westen der Insel, im südlichen Teil der Lautervik, besteht das flache Ufer aus weißlichem Kalkstein, in dessen seichten Tümpeln ein üppiges Algenwachstum zu ungewöhnlicher Verfärbung führt. Etwas nördlich davon ragen bizarre Raukarfelsen, deren Formen die Fan-

◄ *Blick von der Kleinen Karlsinsel (Lilla Karlsö) zur Großen Karlsinsel (Stora Karlsö). - Die beiden Kalksteininseln, die nur wenige Kilometer von der Westküste Gotlands entfernt liegen, stehen wie flache Tafelberge in der Ostsee. Tatsächlich bildeten sie einst, in der langen Festlandsphase vor der Eiszeit, Inselberge in der Landschaft - herausmodelliert von jenem „Baltischen Fluss", der auch die Steilstufe des Baltischen Glints formte.*

▼ *Lummenfelsen am Kliff der Großen Karlsinsel. - Die Karlsinseln sind streng geschützte Vogelinseln. Hier brüten Zehntausende Seevögel. Berühmt sind die Inseln vor allen Dingen durch ihre an der Ostsee einmaligen Vogelfelsen mit großen Brutkolonien von Trottellummen und Tordalken.*

tasie anregen, aus dem Flachwasser. Noch aufregender wird es am Außenstrand nördlich von Lauter, am Digerhuvud und am Langhammershammaren. Diese Raukar-Formationen an Fårös Nordküste sind zweifellos das Imposanteste an Felsgebilden rings um die Ostsee. Manchmal meint man in den Dekorationen für einen utopischen Film zu stehen. Auf der gegenüber liegenden Seite der Insel, an der Sudersandsvik, gibt es dagegen den weit und breit schönsten Badestrand.

Saaremaa

Wie Gotland besteht auch die estnische Insel Saaremaa, die viertgrößte aller Ostseeinseln, ganz und gar aus Kalkstein des Silur. Doch nur an wenigen Küstenabschnitten bildet er niedrige Kliffs. Meist kommen lediglich plattige Kalke oder Kalkgeröll im Uferbereich unter einer schütteren Vegetation hervor - auf Saaremaa dominiert Flachküste. Eine unbedingt sehenswerte Ausnahme gibt es am Kap Panga, im Norden der Insel. Dort steht das einzige hohe Kliff Saaremaas wie eine aus groben Quadern gefügte, über 20 Meter hohe Mauer. An der Südspitze der Halbinsel Sörve, im Südwesten, ragt eine völlig aus hellem, feinem Kalkgeröll bestehende hakenartige Aufschüttung kilometerweit ins Meer - am besten zu überschauen vom Leuchtturm, der Kap Sörve markiert.

An manchen Küstenstreifen fehlt der Landschaft die dritte Dimension: weites, absolut ebenes Wiesengelände, nur mit einigen Findlingen bestreut. „Hebungs-Verlandungs-Flachküste" nennt der Geowissenschaftler trocken diese eigenwillig schöne Landschaft, die in vielen Variationen in ufernahen Bereichen der Insel zu finden ist - manchmal nur grasbewachsen, stellenweise als Feuchtgebiet mit flachen, verschilften Gewässerresten (wie im Nationalpark Vilsandi), an anderen Stellen mit ausgedehnten Wacholderbeständen.

An der Nordküste, wie bei Leisi, liegen bemerkenswerte Anhäufungen großer Geschiebe im flachen Wasser. Im Süden, so bei Kuressaare, findet man dagegen hier und da sogar sandige Ufer. Baden und Schwimmen vor diesen Stränden ist etwas problematisch. Oft bedarf es einer längeren Wanderung, bevor man knietiefes Wasser erreicht.

◄ *Raukarformation am Langhammershammaren auf der Insel Fårö im Nordosten von Gotland. - Die spektakulärsten aller Felsformationen rund um die Ostsee liegen an der Nordküste der „Schafinsel". Diese bis zu acht Meter hohen Säulen aus 420 Millionen Jahre altem Riffkalk ähneln jenen Riffpfeilern, die heute vor den Saumriffen tropischer Meeresküsten stehen.*

► *Raukar-Felsen am Langhammershammaren. - Solche frei stehenden Kalksteinsäulen sind die härtesten Partien jenes Kalksteins, der im Laufe der Zeit vom Frost zermürbt und dann von der Brandung aufgearbeitet wurde.*

Hiiumaa

Die kleinste und flachste der vier großen Kalksteininseln hat keine Steilküsten zu bieten. Das typische Bild ihrer Küste: steinige Ufer mit vielen großen Geschieben an der Außenküste, bewachsene Ufersäume an den Buchten. Plattiger Kalkstein ist nur an einigen Stellen zu Strandwällen angehäuft, die manchmal üppig mit Meerkohl bewachsen sind. Die wenigen Sandstrände säumen besonders die Halbinsel Kõpu im Westen.

Hiiumaa besitzt mehrere markante Seezeichen. Davon gilt der Leuchtturm von Kõpu im Westen der Insel als ältester und zugleich gewaltigster rund um die Ostsee. Aus 100 Meter Höhe hat man von ihm eine überwältigende Aussicht über die Insel Hiiumaa und deren Küste.

▲ *Kalksteinkliff am Kap Panga, Insel Saaremaa. - Bankige Kalksteine aus dem Silur bilden hier, an der Nordwestküste Saaremaas, ein gewaltiges Kliff. Trotz der erheblichen Festigkeit des Kalksteins kommt es nach dem winterlichen Frost immer wieder zu umfangreichen Abbrüchen. Je stärker das Gestein durchfeuchtet ist, desto mehr kann die „Frostsprengung" wirken.*

► *Nordufer der Halbinsel Sörve, Insel Saaremaa. - Im harten Kontrast zu den wenigen hohen Kalksteinkliffs der Insel stehen die ausgedehnten Flachküsten. Der Landschaft dieser „Hebungs-Verlandungs-Flachküste", aus der nur einige Findlinge herausragen, scheint die dritte Dimension zu fehlen.*

Vor den südöstlichen Ufern, zum Festland hin, liegen die Laid (Holme), etwa 500 meist namenlose Inselchen, die sich langsam immer weiter aus dem Meer herausheben. Etwas westlich davon trifft man auf die durch Dämme mit Hiiumaa verbundene Insel Kassari, von der sich ein mehr als zwei Kilometer langer Sandhaken weit in die Kassare-Bucht hinein erstreckt und ein beliebtes Ausflugsziel der Inseltouristen bildet. Hier und an vielen anderen flachen Uferzonen wachsen zahlreiche der üppigen, für Hiiumaa besonders charakteristischen Wacholderbüsche.

▲ *Kap Sörve, Insel Saaremaa. - Die hakenartige Aufschüttung an der Südspitze der Halbinsel Sörve besteht ausschließlich aus feinem Kalkgeröll, das der überall im Untergrund vorhandene Silur-Kalkstein lieferte.*

► *Austernfischer. - Der große, schwarz-weiß-rote Vogel gehört zu den auffallendsten Erscheinungen an der Ostseeküste: Er ist weder zu übersehen noch zu überhören.*

KÜSTENVÖGEL

Wer die Ostseeküste genauer kennt, weiß auch von der besonderen Vielfalt ihres Vogellebens. Am Küstensaum mit seinen abwechslungsreichen Naturräumen finden unglaublich viele Vogelarten ihre Brut-, Nahrungs- und Ruheplätze. Und die Ostseeküste ist bevorzugte Wanderroute vieler Zugvögel. Die Keile ziehender Kraniche und Wildgänse bestimmen das herbstliche Bild vieler Küstenabschnitte.

Zahlreiche Küstenvögel, so die Möwen und Seeschwalben, brüten auf engstem Raum zusammen in Brutkolonien auf kleinen Grasinseln in Buchten, Bodden und Haffs. Ganz für sich sein wollen dagegen die Seeadler, die ihre Nester gern in den Wipfeln hoher Bäume ufernaher Wälder bauen. Kormorane bevorzugen die Gemeinschaft und kleine Inseln mit hohem Laubwald. Uferschwalben graben ihre Brutröhren in die sandigen Bereiche der Kliffs, Mehlschwalben kleben ihre Lehmnester unter die Überhänge an den Kreidesteilufern. Brandgänse brüten in kleinen Erdhöhlen, Schellenten in Baumhöhlen unweit des Wassers.

Eiderenten erbrüten ihre Jungen in einem mit Daunen gepolsterten Nest im trockenen Wiesengelände, Austernfischer und Sandregenpfeifer legen ihre Eier in kleine Mulden im Kies des Strandes. In den weit verbreiteten Uferdickichten haben zahlreiche Singvögel ihre Nester. Die Felswände der Kalksteininseln Stora und Lilla Karlsö werden von zahlreichen Trottellummen, Tordalken und Gryllteisten besiedelt.

Die an der südlichen Ostseeküste im Frühjahr und Herbst rastenden Kraniche und Wildgänse ziehen sich zum Schlafen meist in stille Flachwasserzonen oder auf Sandbänke zurück, wo sie möglichst ungestört sein möchten. Zehntausende Wasservögel versammeln sich zur Winterzeit, wenn die Gewässer im Norden zugefroren sind, auf den eisfreien Arealen der Bodden und Haffs an der Südwestküste.

Enten und Säger, Schwäne und Reiher, Kiebitze und Brachvögel sowie viele, viele andere Vögel bevorzugen die Küste und hier besonders die ruhigeren Areale als Lebensraum - die Schärengärten, Bodden, Buchten, Förden und Haffe. Kein Wunder also, dass es auch die Vogelfreunde hierher zieht. Vogelbeobachtungen an der Küste sind zur beliebten Freizeitbeschäftigung geworden. Viele Vogelfreunde besitzen heute eine teure Ausrüstung, mit der sie die Vögel auch aus angemessener Entfernung beobachten und fotografieren können.

Weil die Seevögel beim Brüten und Rasten ungestört sein sollen, hat man für sie zahlreiche Schutzgebiete eingerichtet. Überall an der Ostseeküste trifft man daher auf Vogelschutzgebiete, die ganzjährig oder nur während der Brutzeit gesperrt sind. Das sollte jeder Küstenbesucher respektieren.

▲ *Seeadler - der größte Greifvogel an der Ostseeküste.*

▼ *Gänse über Boddenwiesen. - Im Frühjahr und Herbst rasten zehntausende Wildgänse an den Ufern der vorpommerschen Bodden.*

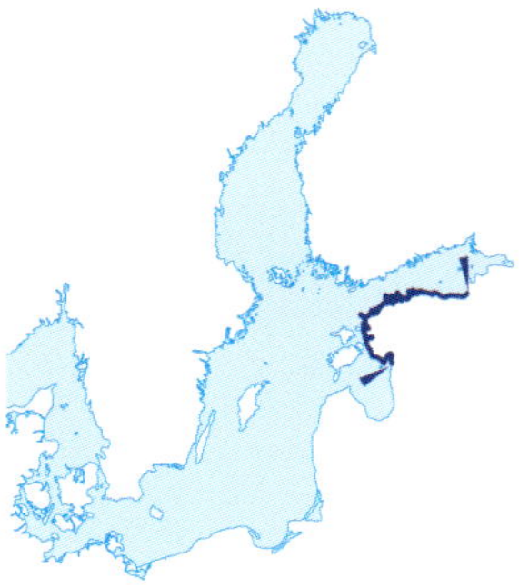

DER BALTISCHE GLINT

Entlang der Küsten Estlands

Ähnlich wie auf den großen Inseln bestimmt an der estnischen Küste der Kalkstein das Landschaftsbild. Die Uferlinien der vier Ostsee-Vorläufer liegen weit landeinwärts. Eissee, Yoldiameer, Ancylussee und Litorinameer haben im Küstengebiet die schon vorher vom Eis abgehobelte Landoberfläche weiter geglättet und nivelliert. Mit fortschreitender Hebung lief der einst meerbedeckte Küstensaum trocken. So entstand eine charakteristische Hebungsküste. Umfangreicher Küstenausgleich oder größere Materialumlagerungen wie am südlichen Rand der Ostsee fanden hier nicht statt, große Sandhaken oder Nehrungen gehören nicht zum Landschaftsbild. Die heutigen Uferlinien sind also bestimmt durch das Relief der Kalkstein-Oberfläche. Dabei kamen interessante Geländeformen zu Tage - besonders die markante Steilstufe des Baltischen Glints, den man an der gesamten Nordküste Estlands beobachten kann und der heute vielerorts auch das Kliff bildet.

Das nördlichste Stück der Ausgleichsküste an der Rigaer Bucht reicht bis nach Estland hinein, bis in die schöne Bucht von Pärnu. Diese fast einen Dreiviertelkreis beschreibende Bucht, deren Untergrund größtenteils aus devonischen Sandsteinen besteht, ist an der estnischen Küste - nicht nur von ihrer Geologie her - eine wirkliche Besonderheit. Mit ihren weiten Sandstränden vor dunklen Kiefernwäldern bildet sie die beliebteste Badeküste Estlands.

Die Westküste Estlands

Dort, wo die großen Inseln Saaremaa und Hiiumaa der Küste vorgelagert sind, entwickelten sich Uferzonen, die denen der Inseln sehr ähnlich sind. An den reich gegliederten Ufern der estnischen Westküste, dem „Land der Wälder und Sümpfe“, stößt man auf eine Vielzahl kleiner Buchten und Landvorsprünge. Viele der Uferpartien haben Röhrichtgürtel oder Strandwiesen, die früher als Küstenweiden genutzt wurden und heute vielfach mit Wacholder bewachsen sind. Insgesamt scheint es hier ausschließlich Sand, Kalkgeröll oder Geschiebe zu geben. Dieses Lockermaterial bildet aber nur die dünne Bedeckung auf der in geringer Tiefe liegenden massiven Kalksteinplatte, die beim Trockenlaufen des Meeresbodens zurückblieb. Die kleinen Inseln unmittelbar vor dieser Küste wären wohl am besten als Kalkstein-Schären zu bezeichnen, läge hier das Gestein bloß. Allein im südlich der Küstenstadt Haapsalu gelegenen Matsalu-Nationalpark, dem größten Naturschutzgebiet Estlands, gibt es über 50 solcher Inselchen. Die einst von einer Gletscherzunge ausgeschürfte Matsalu-Bucht greift weit nach Osten ins Land hinein. An ihren sumpfigen Rändern brüten und rasten die Küstenvögel. Wenig südlich der Bucht fallen in der Küstenebene bei Salevere zwei kleine Hügel mit fossilen Kalksteinkliffs und Laubwald auf - einst wellenumtoste Inselchen im Litorinameer, östlichste Reste des silurischen Glints.

Zwischen Haapsalu und Tallinn

Nördlich der Bucht von Haapsalu, am Kap Põõsaspea, trifft man auf der Fahrt längs der schmalen Küstenstraße erstmals auf eines jener Kalksteinkliffs, die das gesamte Bild der Nordküste Estlands prägen. Mit zahlreichen größeren Buchten und weit vorspringenden Halbinseln sowie einer Reihe vorgelagerter Inseln besitzt sie ein besonders abwechslungsreiches Landschaftsbild. Die markante Geländestufe des Baltischen Glints bildet westlich von Tallinn an einigen Stellen das Kliff - so auf den beiden Pakri-Inseln und besonders auf der Pakri-Halbinsel. Dort findet man zwischen Paldiski und Kap Pakri ein teilweise überhängendes, bis zu 25 Meter hohes aktives Kliff, an dem die See fast beständig arbeitet und das sicher zu den markantesten Steilufern der Ostsee zählt. Diese grandiose Naturszenerie auf der Pakri-Halbinsel steht im heftigsten Kontrast zu den schrecklichen Resten ihrer jahrzehntelangen militärischen Nutzung,

▶ *Kliff bei Ontika westlich Narwa. - Blühende Waldanemonen säumen die Kante des höchsten Kalksteinkliffs am Baltischen Glint. Das 55 Meter hohe Steilufer ist schon seit längerer Zeit inaktiv. So konnte sich hier bereits ein Uferwald ansiedeln.*

der auch die heutige Plattenbau-Geisterstadt in Paldiski („Baltiski Port") zu verdanken ist. Die Nebenstraße von Paldiski längs der Küste nach Tallinn verläuft streckenweise über die typische karge Alvar-Hochfläche, an zwei Stellen aber auch am Rande des Glints entlang. Dort bieten sich hervorragende Aussichten auf Meer und Küste. Diese Straße führt auch am Wasserfall von Keila-Joa vorbei. Dort, etwa 20 Kilometer westlich von Tallinn, bildet die Keila im Wald kurz vor ihrer Mündung ins Meer eine beeindruckende Kaskade. Solche Wasserfälle sind typisch für die Glintküste. Durch die Landhebung vergrößerte sich das Gefälle und damit die Erosionskraft der Flüsse. Sie schnitten ihre Täler, die meist in früheren Gletscherzungenrinnen liegen, tiefer in den Kalkstein ein und stürzen dort, wo er besonders hart ist, als beeindruckende Wasserfälle über die Schichtstufen.

Tallinn

Der markante Domberg, die Keimzelle Tallinns, überragt als gewaltiger Klotz die estnische Hauptstadt. An seiner senkrechten Westseite sind die Kalksteinschichten, die allen Gebäuden auf dem Berg als Baugrund dienen, besonders gut zu erkennen. Auch dieser Domberg gehört zum Glint - ein vorgelagerter Inselkern, der lange vor der Eiszeit als niedriger Tafelberg in der Landschaft stand und danach von den Wellen der Ostsee-Vorläufer umspült wurde. Der Blick vom Domberg ist sicher auch die schönste Aussicht auf die estnische Hauptstadt und auf die weite Tallinner Bucht. Die alte Hansestadt Tallinn (Rewal) liegt besonders dicht am Meer. So grüßen die Türme ihrer liebenswerten Altstadt weit über die Ostsee.

Zwischen Tallinn und Narva

Noch vor 7.000 Jahren brandeten die Wellen des Litorinameeres an vielen Stellen gegen die Steilstufe des Glints. Inzwischen hat sich das Land um viele Meter gehoben, das Meer wich zurück. Heute liegt auf langer Strecke östlich von Tallinn ein mehrere Kilometer breiter Streifen Land zwischen der Uferlinie und dem teilweise bewaldeten Steilhang des Glints. Dieses Areal - die aus weichen kambrischen Sandsteinen bestehende

► *Kliff am Westufer der Halbinsel Pakri. - Die charakteristischen plattigen Kalksteine aus dem Ordovizium bilden auch hier, ca. 40 Kilometer westlich von Tallinn, das Steilufer. Dieses Kliff zeichnet den Baltischen Glint nach, eine uralte Landstufe.*

◄ *Blick vom Domberg auf Altstadt und Hafen von Tallinn. - Die markante Erhebung mitten in der estnischen Hauptstadt besteht aus hartem Kalkstein, dessen Schichten auch unten rechts im Bild erkennbar sind. Schon in der voreiszeitlichen Landschaft bildete der Domberg einen herausragenden „Inselberg". Nach der Eiszeit war er tatsächlich einige Zeit lang eine Insel im Meer - bevor die Landhebung seine Umgebung wieder trocken legte.*

Abrasionsplatte - ist meist tischeben, oft sumpfig und vielfach mit hohen, bewaldeten Dünen bedeckt. Auf dieser Küstenebene wachsen im Lahemaa Nationalpark dichte Wälder, die zu den großartigsten im Ostseeraum zählen. Die fingerförmigen Halbinseln Juminda, Perispea und Käsmu gelten als typische estnische Küstenlandschaften. Hier und da liegen in den Buchten wunderschöne Sandstrände. An zahlreichen Stellen stößt der Wanderer am Küstensaum des Nationalparks auf weite Felder mit besonders großen Geschieben, hier als „Wandersteine" bezeichnet. Vor allem bei Käsmu drängen sie sich dicht bei dicht im ufernahen Wasser. Es handelt sich um eine der größten Anhäufungen von Findlingen rund um die Ostsee. Sie werden in Zusammenhang gebracht mit den Eisbergen, die auf dem Baltischen Eissee vom Norden heran trieben, hier strandeten, abschmolzen und ihre steinerne Fracht zurückließen. Manche dieser Findlinge erreichen gewaltige Größe, so der Stein von Letipea mit seinem Umfang von 48 Metern.

Unweit von Kunda rückt der Glint wieder an das Meer heran und bildet nach Osten hin auf etwa 40 Kilometer Länge, bis kurz vor Narwa (Narva), ein beeindruckendes Steilufer. Bei Ontika liegt die höchste Stelle der estnischen Küste. Mit ihren 54 Metern ist sie gleichzeitig der höchste Punkt des Baltischen Glints. Auf einem schmalen Fahrweg längs des Hochufers gelangt man zu den besten Aussichtspunkten. Durch fortschreitende Hebung ist das bemerkenswerte Kliff von Saka-Ontika-Toila seit Jahrzehnten inaktiv und heute stellenweise mit Laubwald bewachsen. An vielen Stellen treten aber die Gesteinsschichten noch frei zu Tage. So auch am höchsten Wasserfall rings um die Ostsee, bei Valaste unweit Ontika. Hier stürzt ein Bach 30 Meter am überhängenden Kliff in die Tiefe. An dieser Wand kann man unter dem Kalkstein eine besonders interessante Gesteinsschicht beobachten - den weltberühmten „Blauen Ton" Estlands, eine 500 Millionen Jahre alte Meeresablagerung. Dieser Ton lässt sich problemlos mit der Hand formen. Er besitzt also noch heute die gleiche plastische Beschaffenheit wie kurz nach seiner Ablagerung vor rund einer halben Milliarde von Jahren.

◄ *Ruinen der Ordensburg Toolse westlich Kunda. - An dieser Flachküste östlich von Tallinn verläuft die Schichtstufe des Baltischen Glints einige Kilometer landeinwärts. Die davor liegende Küstenebene ist dicht bestreut mit großen Geschieben. Vor etwa 10.000 Jahren trieben die Eisberge des Baltischen Eissees gegen den Glint, schmolzen hier ab und ließen ihre steinerne Fracht zurück. Die Tulsburg ist die einzige so dicht am Meer errichtete Burg des Deutschen Ordens.*

◄ *Kliff am Kap Pakri. - Dieses Kliff am Baltischen Glint westlich von Tallinn besteht aus einer rund 480 - 520 Millionen Jahre alten Schichtenfolge - aus relativ weichem Sandstein und Schiefer im unteren Teil und hartem Kalkstein darüber. Da die unteren Partien des Steilufers leichter vom Meer abgetragen werden, bilden die Kalksteinbänke oft gewaltige Überhänge, die im Winter vom Frost gesprengt werden und dann ins Wasser stürzen.*

▼ *Geschiebefelder bei Altja im Lahemaa-Nationalpark. - Die Küstenebene vor dem Baltischen Glint gilt als eine der „steinreichsten" aller Ostseeufer. Neben Tausenden tonnenschweren Brocken liegen an der Nordküste Estlands auch einige Geschiebe von Einfamilienhausgröße.*

Folgende Seite:
Wasserfall an Steilufer bei Ontika. - Dieser höchste Wasserfall rings um die Ostsee stürzt über den charakteristischen Kalkstein des Baltischen Glints - und über den gut erkennbaren „Blauen Ton", der heute noch ebenso plastisch ist wie zur Zeit seiner Ablagerung vor über 500 Millionen Jahren.

GLINTKÜSTE

Zwei auffallende Geländestufen durchziehen den mittleren und östlichen Ostseeraum - der Baltische Glint, der die Schichtgrenzen harter Kalksteine der Osteuropäischen Tafel nachzeichnet. Eine Steilstufe - der Ordovizische Glint - verläuft von der Westküste Ölands zur Nordküste Estlands. Ihr Verlauf lässt sich auch unter dem Wasserspiegel der Ostsee zwischen Öland und der estnischen Küste durchgehend verfolgen. Eine zweite Steilstufe, der Silurische Glint, bildet die Kliffs an der West- und Nordwestküste von Gotland und taucht auf Hiiumaa wieder auf.

Diese Steilstufen stammen aus der viele Millionen Jahre dauernden Festlandsphase unmittelbar vor der Eiszeit. Geformt wurden sie vom „Baltischen Strom", der damals das heutige Ostseebecken vom Nordosten nach Südwesten durchfloss und im Gebiet der heutigen Nordsee ins Meer mündete. Dieser Fluss strömte auch durch das Gebiet der alten Sedimentgesteine und schnitt sich dabei in deren Schichten ein.

Das Ergebnis war eine weitläufige Landschaft, durchzogen von niedrigen Schichtstufen - vergleichbar mit manchen heutigen Landschaften in Thüringen und Niedersachsen.

Obwohl sich das Inlandeis lange Zeit schleifend und schürfend über diese Landschaft hinwegschob, konnte es diese Steilhänge nicht auslöschen. Heute findet man die Glint-Schichtstufen in drei Positionen: am Grunde der Ostsee, als Kliff an der Küste oder als Steilstufe etwas landeinwärts. Dort, wo jetzt der Glint die Küstenlinie bildet, entstanden beeindruckende Steilufer.

▲ *Karte: Verlauf der Schichtstufen des Baltischen Glints.*

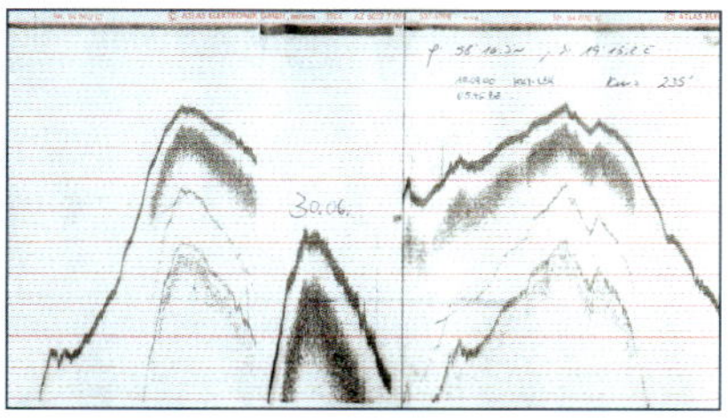

◄ *Echogramm aus dem Bereich des submarinen Glints nördlich Gotland.*

▲ *Wasserfall der Keila (westlich Tallinn) am Glint kurz vor ihrer Mündung ins Meer.*

◄ *Der vom Eis geschliffene Glint als Kliff nördlich Byxelkrok auf Öland.*

INNERER FINNISCHER MEERBUSEN

Küsten zwischen Narva und Kotka

Der Baltische Glint entfernt sich östlich von Narwa immer mehr von der Küste, ist aber als markante Schichtstufe bis hin zum Ladoga-See zu verfolgen. Die gesamte Uferregion des inneren Finnischen Meerbusens ist Flachküste. Auf weiter Strecke bilden hier 500 bis 600 Millionen Jahre alte Sandsteine die vom Eis geformte Basis der Landschaft. Davon tritt aber kaum etwas zu Tage, denn Lockermassen - Sand, Kies, Geröll und Geschiebefelder bedecken das sich langsam immer weiter hebende Fundament. Am Nordufer des Finnischen Meerbusens tauchen unter den sandigen Sedimentgesteinen der Osteuropäischen Tafel die harten kristallinen Gesteine des Baltischen Schildes auf und führen dort zu einem „Qualitätssprung".

Die flachen, buchtenreichen Ufer im Süden des inneren Finnischen Meerbusens haben nur wenige landschaftliche Besonderheiten zu bieten. An den teilweise verschilften Ufersäumen fallen aber immer wieder zahlreiche Geschiebe auf, die hier und da in großen Gruppen konzentriert sind. An ihrer Ansammlung hat die Ostsee keinen Anteil, denn das Wasser besitzt nicht die Kraft, solche Brocken zu bewegen. Dies bringt aber das gebrochene und vom schweren Sturm gegen die Küste gepresste Eis fertig. Nach einem langen Eiswinter (das Meer ist hier meist fünf Monate und länger zugefroren) gibt es im Frühling beim Eisaufbruch oft dramatische Situationen - manchmal verstärkt durch das Treibeis, das die Newa ins Meer führt.

Niagarafall an der Ostsee

Früher soll man das Tosen des gewaltigen Wasserfalls der Narwa (Narva) sogar bis zu ihrer Mündung in den Finnischen Meerbusen gehört haben. Ihr Wasser stürzte etwa 15 Kilometer landeinwärts, direkt an der Stadt Narva/Ivangorod, über die Steilstufe des Glints. Die Ähnlichkeit mit dem Niagarafall ist vor allen Dingen geologisch zu sehen. Denn dieser stürzt über Gesteine, die in Alter und Entstehung sehr ähnlich sind mit denen des Baltischen Glints. Schließlich wurden diese Schichten sogar im gleichen Meeresgebiet gebildet - in einer Zeit, in der Kanadischer und Baltischer Schild eine Einheit bildeten. Längst ist das gewaltige Tosen der Narwa verstummt, denn mit einem Staudamm wurde der estnisch-russische Grenzfluss gezwungen, Turbinen zu treiben.

Die Mündung der Newa

Der wasserreichste Fluss, welcher der Ostsee zufließt, ist nur 74 Kilometer lang. Die aus dem Ladoga-See abfließende Newa mündet im östlichsten Zipfel des Finnischen Meerbusens. Hier, im Mündungsdelta der Newa, wurde 1703 Petersburg (Sankt Peterburg) gegründet. Die Sechsmillionenstadt ist heute zweifellos die größte, jüngste und dynamischste Metropole an der Ostsee. Mit ihren Vorstädten fingert sie immer weiter an den flachen Ufern der Newabucht entlang. Dieser innerste Teil des Finnischen Meerbusens ist mit seinen flachen Küsten bei West- oder Südwestwind durch Windstau besonders vom Hochwasser gefährdet. Im September 1924 standen bei einem Wasserstand von 3,70 Meter über NN zwei Drittel des Stadtgebietes unter Wasser. Heute schützt ein über 25 Kilometer langer Hochwasserschutzdamm mit Schiffsschleusen die Stadt vor der anstürmenden Ostsee. Trotzdem sollten hohe Pegelstände möglichst nicht lange währen, denn dabei wird die Newa gestaut und droht mit Überflutung von der Landseite.

Am Südufer der Newabucht liegt unweit von Petersburg - am sanft zur Ostsee hin geneigten Hang - der stolze Schlosskomplex von Peterhof (Petrodworez), berühmt durch seine Wasserspiele. Ein von Springbrunnen gesäumter kleiner Kanal führt von ihnen aus direkt zum Finnischen Meerbusen. Steinige und verschilfte Ufer bilden hier den Küstensaum.

► *Am Finnischen Meerbusen östlich von Kotka. - An den Ufern dieser waldreichen, wenig besiedelten Küstenlandschaft gibt es ausgedehnte Verlandungszonen mit blumenreichen Uferwiesen und weiten Röhrichtbeständen.*

▲ *Ufer an der finnisch-russischen Grenze südwestlich von Vyborg. - Der Blick hinüber nach Russland zeigt das für diese Region typische Bild einer flachen, bewaldeten und buchtenreichen Küste.*

► *Erdbeerfeld unweit Virolahti, östlich Kotka. - Im Hintergund ist eine verlandende Bucht des Finnischen Meerbusens gerade noch erkennbar. Durch die Landhebung liefen hier zwischen den Schären weite Flächen mit hellem, kalkreichem Ostseeschlamm trocken, der dem Klei des Marschlandes an der Nordsee sehr ähnelt. Er besitzt auch ähnliche gute Fruchbarkeit und eignet sich hervorragend für den Anbau von Erdbeeren und Zwiebeln.*

Die Badestrände der Petersburger

Am Nordufer der Bucht verläuft die Küstenstraße durch die riesigen Neubaugebiete am Rande der Großstadt bis hin zu den Dünenwäldern und Stränden. Hier, an der über 100 Kilometer langen Küste bis hin nach Primorsk, erstrecken sich die Naherholungsgebiete der Petersburger. Kiefern- und Birkenwälder, Ferienheime und Datschenkomplexe bestimmen das Bild einer Landschaft, in der sich im Sommer gleichzeitig Hunderttausende erholen. An irgendeiner Stelle auf dem Weg von Primorsk nach Vyborg tauchen sie plötzlich auf - die glatt geschliffenen, flachen Rücken aus rötlichem, kristallinen, granitartigen Gestein - die Schären aus Rapakivi, die auch das Bild aller finnischen Ufer östlich von Helsinki prägen.

Zwischen Vyborg und Kotka

In der Vyborger Bucht löst sich die vorher einfache Küstenlinie auf in ein Gewirr langgestreckter Inseln, Halbinseln und Buchten. Vom finnischen Virolahti, an der E 18 unweit der russischen Grenze gelegen, kann man im Sommer mit Tagesvisum per Schiff nach Vyborg fahren. Dabei gleitet das Ausflugsschiff stundenlang an einer zwar reich gegliederten, aber doch sehr einförmigen

Küste vorüber. Nur an wenigen Stellen wird der Wald an den völlig flachen Ufern von Bauwerken unterbrochen. Weites, flaches Waldland - das ist überall an der Nordküste des Finnischen Meerbusens die beste Beschreibung für den Eindruck beim Blick vom Meer gegen die Küste.

In unmittelbarer Nähe der russisch-finnischen Grenze beginnt die „klassische" Schärenküste. Besonders schöne Eindrücke davon erhält man im Schären-Nationalpark „Östlicher Finnischer Meerbusen" südlich von Kotka, das auch Ausgangspunkt für Exkursionen dorthin ist. Etwas landeinwärts trifft man hier und da an den Rändern stiller Buchten auf ausgedehnte, von Felsrücken - einstigen Schären - durchsetzte Felder, deren helle Böden sehr an den Klei des Marschlandes der Nordseeküste erinnern. Diese fruchtbaren Äcker bestehen aus Ostseeschlamm, den das Meer erst vor wenigen Jahrhunderten freigab.

Im „Wasserpark" der Stadt Kotka bezog der Mensch hohe Schären und kleine Buchten in seine Landschaftsgestaltung ein und schuf damit ein Kunstwerk besonderer Art. Ganz in der Nähe liegt ein naturkundliches Erlebniszentrum, das MARETARIUM Kotka. Hier haben die Erbauer die Schären sogar in das Gebäude und in die Aquarien einbezogen, die u. a. einen Blick in das Wasser des Finnischen Meerbusens bieten.

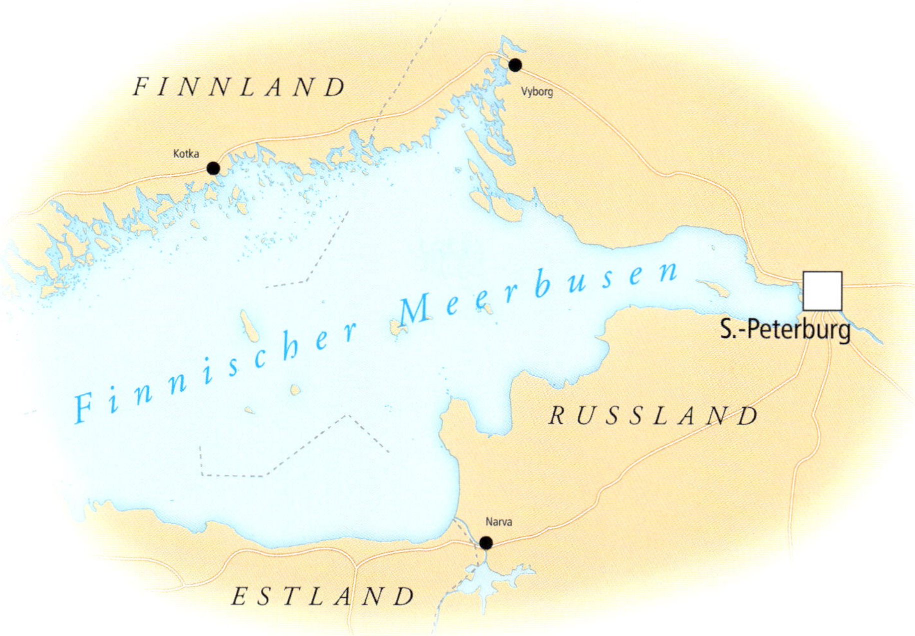

◂ *Vereister Finnischer Meerbusen. - Länger als ein halbes Jahr, oft bis in den Mai hinein, tragen die ufernahen Bereiche des Finnischen Meerbusens eine geschlossene Eisdecke. Der Frühling kommt hier sehr spät, dann aber fast über Nacht.*

◂ *Eisangeln gehört zu den großen Leidenschaften der Russen und Finnen. Besonders gern ist man im „hellen Winter" - im März und April - auf dem Eis.*

Folgende Seite:
Außenküste bei Hamina östlich Kotka. - An diesen überall bewaldeten Ufern wechseln Klippen, Geröll und schmale Sandstrände. Auch hier gibt es zahllose Sommerhäuser.

▾ *Treibeis auf der Newa in Petersburg, Blick zur Peter und Pauls-Festung. - Der wasserreichste Strom, welcher in die Ostsee fließt - hier kurz vor seiner Mündung in den Finnischen Meerbusen - strebt im Frühling mit großer Kraft dem Meer zu.*

KÜSTE IM EIS

Die Ostsee ist ein kaltes Meer - auch wenn sich ihr Wasser im Sommer hier und da für einige Wochen auf akzeptable Badetemperaturen erwärmt. Einige Gebiete der Ostsee sind in jedem Winter, andere nur in Abständen von mehreren Jahren einmal mit Eis bedeckt. Die Bottenwiek, deren Nordufer nur 80 Kilometer südlich vom Polarkreis liegt, trägt regelmäßig eine feste, manchmal fast meterdicke Eisdecke. Dort vergeht oft ein halbes Jahr zwischen der ersten Eisbildung im November und dem Abschmelzen der letzten Eisreste im Mai. 200 Eistage zählte man schon an einigen Ufern der Bottenwiek.

In den meisten Jahren sind auch Bottenmeer und Finnischer Meerbusen vereist, zumindest in ihren Randbereichen. Schwere Eisbrecher müssen dann die Zufahrten zu den wichtigen russischen, finnischen, estnischen und schwedischen Häfen befahrbar halten. Problematisch wird es, wenn der Wind gebrochenes Eis aufeinander schiebt. Dieses Packeis bereitet insgesamt der Schifffahrt die größten Probleme.

Auch im Südwesten der Ostsee überziehen sich in manchen kalten Wintern die Küstengewässer der Buchten, Haffe, Förden und Bodden mit einer Eisschicht, die bis zu einen halbem Meter dick sein kann. Schiebt der Wind das Scholleneis zusammen, kann es sogar hier Packeis geben.

▲ *Karte: Eis auf der Ostsee, Anfang März 2003.*

◄ *Eisbrecher im Einsatz auf dem Greifswalder Bodden.*

▼ *Eisaufpressungen am Westufer des Greifswalder Boddens (Zudar, Insel Rügen), Frühjahr 1996.*

Dramatische Situationen entstehen dann, wenn schwere Stürme - meist im Frühjahr - das Eis brechen und die Schollen mit ungeheuerer Kraft gegen die Küste schieben. Bis zu zehn Meter hohe Schollenberge türmen sich dann an den Ufern. Dabei bekommt man einen Eindruck von der gigantischen Kraft, die das vom Sturm getriebene Eis entfalten kann. Tonnenschwere Gesteinsbrocken werden mit dem Eis gegen die Strände geschoben. So lässt sich auch die an manchen Ufern zu beobachtende Konzentration großer Geschiebe in unmittelbarer Strandnähe erklären.

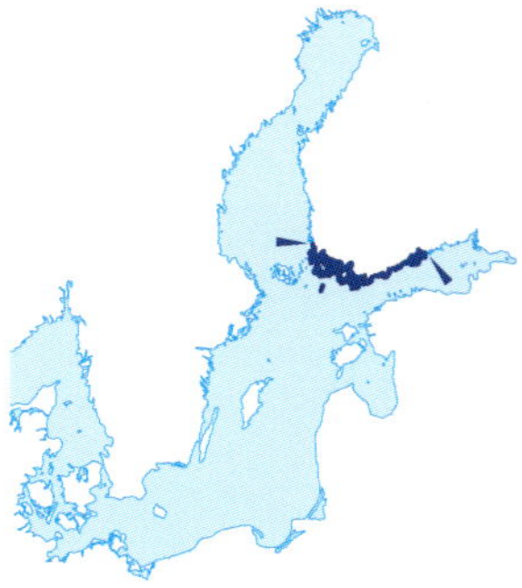

SCHÄREN UND FJORDE

Die finnische Küste zwischen Kotka und Rauma

Land und Meer greifen an diesen Ufern so innig ineinander, wie an keiner anderen Stelle der Ostsee. Der Küstenstreifen besitzt hier stellenweise eine Breite von mehr als 100 Kilometern. Zu den unzähligen Schären und den vielen Inseln tritt eine beachtliche Zahl tief ins Land eingreifender Fjorde (oder Fjärde). Die Ufer dieser Fjordschären-Küste sind nur stellenweise flach. Zahlreiche, fast immer bewaldete Felskuppen überragen den Meeresspiegel oft um 20 Meter, aber nur selten um mehr als 40 Meter. Liefe diese Küstenlandschaft trocken und wäre sie unbewaldet, so läge hier ein ausgedehntes Gebiet rundlicher Felshügel recht gleichmäßiger Höhe auf einer leicht gewellten, mit Ostseeschlamm bedeckten Fläche - durchzogen von lang gestreckten, sanften Tälern.

Die finnische Südküste besitzt auf ihrer ganzen Länge östlich und westlich von Helsinki einen schmalen Schärengürtel. Nur an wenigen Stellen erreicht er eine Breite von zehn Kilometern. Starke Gliederung und dominierende Bewaldung gestaltet diese abwechslungsreiche Küste von Land her recht unübersichtlich. Wer hier auf Exkursion geht, um diese Küstenlandschaft zu erkunden, wird oft herb enttäuscht. Er findet meist keinen Zugang zu interessanten Ufern, Landspitzen, Bollwerken oder anderen exponierten Stellen. Schon bevor er das Wasser erreicht, trifft er am überall bewaldeten Küstensaum auf Privatgelände, auf Hütten (stets mit separater Sauna) und Liegeplätze. Selten gibt es für jedermann zugängliche Aussichtspunkte, die eine so gute Übersicht gewähren wie der Blick vom hölzernen Aussichtsturm bei Porkala am Mickelskärsfjärd, rund 30 Kilometer südwestlich vom Stadtzentrum Helsinkis. Vom Wasser aus hat der Ortsfremde enorme Schwierigkeiten, sich in der schönen, aber völlig unübersichtlichen Küstenlandschaft mit stets ähnlichen Bildern zurecht zu finden. Markante Punkte sind rar, vieles erscheint austauschbar.

Helsinki

Nur wenige Schären liegen unmittelbar vor der sanften Anhöhe jener Halbinsel, auf der das Stadtzentrum von Helsinki erbaut wurde. Die schönste Aussicht auf die finnische Hauptstadt, die „Weiße Stadt am Meer“, bietet sich dem Reisenden von einer der vielen großen Fähren, die an den Terminals in unmittelbarer Nähe des Stadtzentrums festmachen. Wer hier beim Transit nur wenig Zeit hat für Finnlands Küste und doch einen Eindruck mitnehmen möchte, der erreicht mit dem Ausflugsschiff in 15 Minuten die Helsinki vorgelagerte Seefestung Suomenlinna, die ganz auf Schären erbaut wurde und heute den Touristen vorbehalten ist. Mehr von der Küste erlebt man bei einer „Schärenkreuzfahrt“ ins östlich gelegene Porvoo.

Finnlands Südwesten

Etwa 60 Kilometer westlich Helsinki, südlich von Ekenäs (Tammisaari) liegt ein „Schärengarten“ mit einer besonders großen Zahl winziger Eilande. Dutzende davon gibt es im Ekenäs-Nationalpark, der von den mit dichten Wäldern bestandenen Binnenschären bis hin zu den sturmumtosten Klippen der Außenschären reicht. Die Ausstellung im Besucherzentrum von Ekenäs vermittelt eine Tour durch die großartige Schärenwelt.

Die Hafenstadt Hanko liegt an der Spitze einer Halbinsel, dem Ausläufer eines eiszeitlichen Moränenzuges. Mit besonders schön geschliffenen Schären und weiten Stränden hat dieser Ort ein angenehmes Flair. Der Blick von Hankos hohem Wasserturm reicht weit über die Küsten- und Schärenlandschaft im äußersten Südwesten Finnlands. In der Ferne erkennt man den Leuchtturm Bengtskär, dessen stattlicher Bau auf einer kleineren Schäre errichtet wurde und der sich zu einem äußerst beliebten Ausflugsziel entwickelt hat. Von Hanko fahren im Sommer kleine Ausflugsschiffe zu dem rund 25 Kilometer westlich gelegenen Vorposten am Rande des Schärenmeeres. Westlich von Hanko beginnt das eigentliche Schärenmeer, das bis zu den Ålandinseln reicht.

► *Vereiste Ostsee vor Helsinki. - Ein schmaler Schärengürtel liegt an der Küste vor der finnischen Hauptstadt.*

Das Schärenmeer

Das Kartenbild der Küste westlich von Hanko und Turku zeigt eine unglaubliche Vielzahl großer, kleiner und kleinster Inseln. Über 40.000 sollen vor der finnischen Küste liegen. Mehr als 8.400 Inseln und Schären gibt es allein im finnischen „Nationalpark Schärenmeer", dem größten Nationalpark an der Ostsee. Dabei wurden aber nur Schären gezählt, die über 100 Quadratmeter groß sind. Es gibt aber noch sehr viele kleinere: je detaillierter die Landkarte, desto mehr Schären tauchen auf - ein völlig unübersichtliches Gewirr aus dem Wasser aufragender kahler Felsbuckel zwischen bewaldeten Inseln. Wer mit einer der großen Fähren tagsüber von Mariehamn nach Turku fährt, der erhält vom Oberdeck aus einen recht guten Eindruck vom Schärenmeer. Die Gebiete jedoch, in denen die Schären besonders zahlreich und dicht bei dicht aus den Gewässern ragen, liegen weit abseits aller Schifffahrtswege. Hierher gelangt man nur mit einem kleinen Sportboot. Es ist aber ein Irrtum zu glauben, dass man nach stundenlanger Fahrt durch das Gewirr der Schären in Richtung zum offenen Meer irgendwann in eine menschenleere Inselwelt gelangt. Überall stößt man auf Ferienhäuser und Hütten, die alle anzeigen: besetzt!

◄ *Hafen und Schärengebiet von Hanko, Blick nach Süden (Luftbild). - Der aufstrebende Hafen von Hanko liegt in einer für die Schifffahrt günstigen Position: Der hier vorgelagerte Schärengürtel ist nur schmal, die Schiffe erreichen rasch die freie Ostsee.*

▼ *Blick vom Wasserturm in Hanko nach Süden. - Der hohe, für Besucher geöffnete Turm im Zentrum der südwestlichsten Stadt Finnlands bietet eine weite Rundsicht über die Küstenlandschaft an der Spitze der großen Halbinsel, die rund 120 Kilometer westlich von Helsinki liegt.*

► Schärenlandschaft an der Westküste der Insel Kimito; Blick auf den Gullkrona Fjärd. - Nur an sehr wenigen Stellen des Schärenmeeres hat man eine so weite Aussicht wie hier - von einem schwer zugänglichen, hohen Felsrücken am Ostrand des ausgedehnten Nationalparks.

▼ Schären am Ufer vor Hanko. - Nahe des Zentrums der aufstrebenden Hafenstadt Hanko liegen diese eindrucksvollen Felsrücken aus rötlichem Gneis. Hier hat das Eis besonders vielfältige Formen hinterlassen. Ganz in der Nähe kann man sogar Gletschertöpfe bewundern.

Das unlängst eröffnete Nationalpark-Besucherzentrum Blåmusslan (Miesmuschel) auf Kasnäs ist mit einer Autofähre von Kemiö aus erreichbar. Hier präsentiert man die Natur der Schären in vielseitiger Weise. Neben den sehenswerten Ausstellungen zur Tier- und Pflanzenwelt, zu Ostseegeschichte und Landschaftsdynamik gibt es einen beeindruckenden geologischen Lehrpfad über die vom Eis geschliffenen Gesteinsflächen einer großen Schäre. Wie in einem Bilderbuch ausgebreitet liegen hier die uralten metamorphen Gesteine des Baltischen Schildes mit ihren dekorativen Strukturen. Aus ihnen bestehen auch die meisten anderen Schären des Nationalparks, deren schön gezeichnete Rundhöcker oft äußerst ästhetisch anzusehen sind - wahre Kunstwerke der Natur. Die Infrastruktur des neuen Kasnäs erscheint hochmodern: Fähranleger, Tagungszentrum, Marina und Hotel. Es zeigt neue Möglichkeiten einer touristischen Nutzung des Schärenmeeres, die bisher fast ausschließlich individuell erfolgte.

Finnlands Fjordland

An der wie zerfranst erscheinenden Küste zwischen Hanko und Turku liegen auch die tiefsten Fjorde Finnlands. Pemarfjärd und Lappdalsfjärd besitzen jeweils mehr als 40 Kilometer Länge. Dazu kommen zahlreiche andere fjordartige Gewässer. Natürlich fehlen ihnen die markanten Talwände norwegischer Fjorde, denn sie durchziehen ein flaches Waldland und erscheinen des-

▲ *Marina Käsnäs im Südwesten der Insel Kimito (Kemiö). - Unmittelbar am Rande des Nationalparks Finnisches Schärenmeer, dem größten an der Ostsee, liegt eine der vielen neuen Einrichtungen für den maritimen Tourismus an der finnischen Küste.*

► *Schärenmeer nördlich von Hanko, Blick nach Osten (Luftbild). - Schären und Fjorde bestimmen das Bild dieser besonders feingliedrigen Küstenlandschaft im Südwesten Finnlands.*

▼ *Fähre von Söjeholmen nach Lövö im Süden der Insel Kimito. - Mit dieser Fähre gelangt man zum Touristenzentrum von Ekenäs.*

halb eher wie lang gestreckte, stille Seen mit verschilften Ufern. Nur wer sucht, der findet mancherorts an Felsrücken in der Nähe der Fjorde steile, geschliffene Hänge, welche die talformenden Gletscherzungen hinterließen.

Lappdalsfjärd und Träsköfjärd umrahmen Kimito, die mit rund 650 Quadratkilometern größte finnische Ostseeinsel. Besonders hier fallen die ausgeprägten Landschaftskontraste dieser Fjordküste auf: einerseits üppige Laubwälder mit Orchideen und saftigen Wiesen auf niedrig gelegenen Arealen, die mit kalkreichem Ostseeschlamm bedeckt sind - andererseits die fast arktisch anmutenden Felsregionen der Binnenschären, bewachsen mit Kiefern und Birken, mit Rentierflechten, Moosen, Blaubeer- und Heidekrautbüschen. Im äußersten Südwesten von Kimito gibt es einige ungewöhnlich hohe Felsufer mit weiter Aussicht auf das Schärenmeer.

Die große Hafenstadt Turku als „Tor zum Schärenmeer" bietet günstige Möglichkeiten für Schiffsausflüge in die ausgedehnte Inselwelt. Etwa 60 Kilometer nordwestlich, bei Uusikaupunki, wird das weiträumige Schärenmeer wieder zum „üblichen" Schärengürtel.

Übernächste Seite:
Uferklippen am Nationalpark-Besucherzentrum Blåmusslan (Miesmuschel) auf Kasnäs. - Ein Naturlehrpfad führt über die vom Eis geschliffenen Flächen, die - wie in einem Lehrbuch - eine besondere Vielfalt uralter kristalliner Gesteine des Baltischen Schildes zeigen.

SCHÄRENKÜSTE

Mit einem kleinen Flugzeug über die Schären zu fliegen, gehört zu den ungewöhnlichsten aller Lanschaftserlebnisse an der Ostseeküste: man überschaut ein oft bis zum Horizont reichendes Labyrinth unzähliger größerer, kleiner und kleinster Inseln.

Die Schären besitzen eine wechselvolle Entstehungsgeschichte. Sie alle bestehen aus kristallinen Gesteinen des Baltischen Schildes - hauptsächlich aus Gneis, Granit, Porphyr und Diabas. Als der nördliche Ostseeraum vor der Eiszeit ein flachwelliges oder hügeliges Festland war, bedeckte eine über lange Zeiträume hinweg entstandene, hauptsächlich mit Wald bewachsene Verwitterungsschicht die harten Gesteine.

Das vorrückende Eis trug zuerst alles Lockere weg und arbeitete danach das von der Beschaffenheit der Gesteine abhängige Relief nach. Es hobelte alles Weichere ab, schliff und polierte das Härtere. Es vertiefte Kerben und Spalten im massiven Gestein, formte rundliche Buckel, lang gestreckte Rücken, Senken und flache Täler. An der Basis des Inlandeises strömten über lange Zeit reißende Schmelzwasserbäche. Sie führten große Mengen von Sand und Geröll mit und hatten dadurch eine extreme schleifende Wirkung.

Durch Eis und Schmelzwasser erhielten die Gesteine insgesamt gerundete, aber sehr unterschiedliche, manchmal ganz skurrile Formen. Stellenweise meint man, es wären Bildhauer am Werk gewesen.

Als das Inlandeis langsam die über lange Zeiträume geformten Gesteinsflächen frei gab, wurden sie sofort von den eisigen Wassermassen des Baltischen Eisstausees überflutet. Über viele Jahrhunderte transportierte nun das trübe Schmelzwasser große Mengen von Lockermaterial - Ton und Sand, Kies, Geröll und Blockwerk in den See. Schmelzende Eisberge verloren ihre Last - Gesteinsbrocken aller Art. All das sank auf den Grund und bedeckte die vom Eis geschliffenen Flächen mit einer Decke aus Ablagerungen.

Hebt sich nun das Land, wird das Wasser flach und die Brandung kann die Decke aus Lockermaterial aufarbeiten. Alles Feinere wird ausgewaschen und in die Senken transportiert. Dort bildet sich eine Schicht aus dem charakteristischen tonig-sandigen Ostseeschlamm. Auf den Buckeln und Rücken bleiben nur Geröll und Blockwerk zurück, das im Winter durch Eisschub an bestimmten Stellen konzentriert wird. So entstehen auch die Klappersteinfelder. Die völlig kahlen Buckel und Rücken tauchen nun langsam als kleine Inseln - als Schären - aus dem Wasser auf; der Schärengarten entsteht. Mit fortschreitender Hebung werden die Schären größer, verbinden sich teilweise miteinander, bewachsen und entwickeln sich schließlich zu Halbinseln des Festlands. Zuletzt verlanden auch die flachen, mit Sedimenten aufgefüllten Areale. In der so entstandenen Landschaft stehen die bewaldeten „Binnenschären“ als Hügel - hier dicht gedrängt, da vereinzelt - in einer fruchtbaren Feldmark aus Ostseeschlamm.

Vom Eis geschliffene und polierte Gesteinsbuckel tauchen zuerst als Schären aus dem Meer auf.

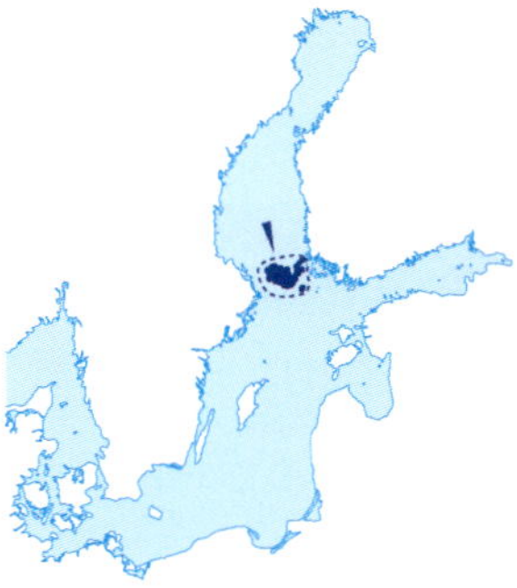

DIE ÅLANDINSELN

Küstenlandschaft mit besonderer Geschichte

Diese ungewöhnliche Inselgruppe ist ganz und gar dem Meer entstiegen. Jede Stelle auf den mehr als 10.000 Inseln war also irgendwann in den vergangenen 9.000 Jahren einmal Küste, Uferlinie. Die nacheiszeitliche Hebung lässt die Inseln noch immer um einen halben Meter pro Jahrhundert in die Höhe wachsen. Somit wandert auch die Küstenlinie seewärts, an manchen Stellen um mehr als 50 Meter in hundert Jahren. Der Landgewinn ist beträchtlich, die Folgen sind es auch: Landkarten müssen beständig aktualisiert, Häfen vertieft werden.

Natürlich gleichen sich die Bilder: Das finnische Schärenmeer geht nach Westen hin unmerklich über in das Inselmeer der Ålands. Wer von Finnland aus keine der großen Fähren nach Mariehamn - der Hauptstadt der politisch autonomen Inselgruppe - benutzen möchte, für den gibt es als interessante Alternative das „Inselhüpfen“ mit kleinen Fähren. Natürlich braucht man viel Zeit, um über Brandö, Torsholma, Enklinge, Kumlinge und Vårdö schließlich zum „Festland Åland“, der großen zentralen Insel, zu gelangen. Dabei bekommt man aber als Passagier besonders intensive Eindrücke von einer Küstenlandschaft, in der es stellenweise mehr Inseln gibt als Meer.

Rapakiviklippen

Die meisten felsigen Ufer an der Außenküste der Ålands zeigen ein auffallend rotes, kristallines Gestein. Der granitartige Rapakivi erscheint vor allen Dingen an der Nordküste als rötlich leuchtender Saum, der sich wie eine Borte direkt oberhalb der Wasserlinie um alle Buchten, Halbinseln und Schären zieht. Wanderungen auf diesen vom Eis geschliffenen roten Uferklippen aus Rapakivi sind ein ganz besonderes Erlebnis. Leider ist es recht beschwerlich, zu Lande an solche zauberhaften Küstenabschnitte zu gelangen. So bildet das kleine geliehene Boot mit Außenbordmotor eine bessere Möglichkeit, die Ufer der Ålands zu erkunden. Gute Aussicht über die großartige Nordküste gibt es vom 129 Meter aufragenden Ordalsklint, dem höchsten Punkt der Insel, oder vom 99 Meter hohen Getaberg auf der Gamlan-Halbinsel im Nordwesten. Doch nichts kann einen Rundflug über die Inseln übertreffen. Dazu starten kleine Maschinen vom Flugplatz unmittelbar nördlich von Mariehamn. Ein solcher Flug hinterlässt unauslöschliche Bilder einer faszinierenden Inselwelt mitten in der Ostsee.

Sandstrände

Die Ålands haben keinesfalls nur felsige Küste zu bieten. An vielen Stellen, besonders im Westen und Süden der Inselgruppe, gibt es flache sandige Ufer mit schönen Badestränden, die im Sommer zahlreiche Urlauber

► *Schären vor Mariehamn im Gegenlicht eines Sommernachmittags.*

◄ *Blick von der höchsten Erhebung der Åland-Inseln, dem 129 Meter hohen Ordals-Klint. - Von hier aus überschaut man den inneren, bewaldeten Schärengürtel und den weit draußen im Bottenmeer liegenden, kahlen äußeren Schärengürtel. Die Inselgruppe, deren höchste Erhebungen vor ca. 9.000 Jahren aus dem Meer auftauchten, wächst durch beständige Landhebung langsam weiter.*

auf die Ålands ziehen. Mancher mag sich nach der Herkunft dieses Sandes auf dem Felsgrund fragen. Die Wellen der Ostsee haben die lockeren Sedimente des sich hebenden Meeresbodens aufgearbeitet. Der Sand blieb an Ufern mit stärkerer Wellenbewegung zurück, der feine Schlamm wurde vom Wasser weggeführt und lagerte sich im stillen Flachwasser seichter Buchten ab. Dort, wo solche schlammigen Ablagerungen trocken laufen, bleibt fruchtbarer Boden zurück.

Kalkreicher Ostseeschlamm bedeckt viele der Flächen auf den südlichen Inseln der Ålands. Deshalb dominieren hier lichte Laubwälder - sehr ähnlich denen auf den großen Kalksteininseln. Es gedeihen sogar Eichen, die so weit nördlich weder an der schwedischen, noch an der finnischen Küste wachsen. Die westlichste der größeren Inseln hat daher sogar ihren Namen: Eckerö heißt „Eicheninsel“. Bemerkenswert sind die artenreichen Laubwiesen - kleine parkartige Wäldchen, in denen früher Heu gewonnen wurde, dem man auch getrocknete Zweige von Sträuchern und Laubbäumen beimengte. Auf diesen Wiesen unter Bäumen blüht es im Frühling und Frühsommer wunderschön. Sogar Orchideen sind zu finden - ein Stückchen Süden in der nördlichen Ostsee, in der Ålandsee.

▶ *Rapakivi-Klippen auf der Halbinsel Gamlan. - Der intensiv rot gefärbte Rapakivi ist eine Abart des Granits. Seine Färbung bestimmt das Bild der Ufersäume der Åland-Inseln wie hier im äußersten Nordwesten. Dieses auffallende Gestein wurde mit dem Inlandeis von hier auch über den gesamten südlichen Ostseeraum verstreut und ist daher heute überall an den Geschiebestränden zu finden.*

▼ *Einschluss im Rapakivi; Insel Vardö. - Der etwa drei Meter lange Einschluss eines älteren Umwandlungsgesteins in dem einst glutflüssigen Rapakivi lässt ahnen, welche grandiosen Vorgänge sich bei einer Gebirgsbildung vor etwa 1,4 Milliarden Jahren in den Tiefen der Erdkruste vollzogen haben mögen.*

GETA
SALTVIK
SUND
VÅRDÖ
ECKERÖ
Eckerö
JOMALA
MARIEHAMN
LEMLAND
FÖGLÖ
SOTTUNGA
KUMLINGE
BRÄNDÖ
KÖKAR

Grenzen des Schärenmeeres

Von jeder Stelle der Küste rings um die Inselgruppe sind Schären zu entdecken - oft sehr weit draußen am Horizont liegende, kahle Außenschären. Natürlich hat auch das vielerorts grenzenlos erscheinende Schärenmeer seine Grenzen. Nach Westen, zum schwedischen Festland hin, gibt es eine auffallende Unterbrechung zwischen den Schärengebieten westlich der Ålands und nordöstlich von Stockholm. Die „Södra Kvarken" ist eine etwa 30 bis 50 Kilometer breite, völlig schärenfreie Meeresstraße. Nördlich und südwestlich der Ålands markieren meist die entferntesten der vom „Festland Åland" aus erkennbaren Schären die Grenze des Schärengürtels.

► Freilichtmuseum am Slotsund bei Kastelholm. - Die markante „Mittsommerstange" spielt eine große Rolle bei den Volksbräuchen der schwedischen Bevölkerung, die auf den Ålands dominiert.

◄ Am Marsund, einem stillen Fjord, welcher die Hauptinsel von der Insel Eckerö im Westen trennt.

▼ Alte Lotsenstation auf den Ålands. - Um das schärenreiche Meer gefahrlos zu befahren, bedarf es bester Ortskenntnisse. Daher waren und sind Lotsen für alle größeren fremden Schiffe unabdingbar.

▲ *Rapakiviklippen am Sandös und auf Vardö. - Baldrian (hell, links), Blutweiderich (rotviolett), Mädesüß (weißlich), Gilbweiderich (goldgelb), Vergissmeinnicht (zartblau, vorn) und Strandaster (blauviolett, rechts) sind der spätsommerliche Schmuck vieler Felsküsten an der nördlichen Ostsee.*

◀ *Strandaster am Geröllstrand. - Diese rings um die Ostsee weit verbreitete Staude blüht im August an den verschiedensten Standorten - meterhoch und in großer Üppigkeit an den nährstoffreichen Ufern der Bodden und Haffe; winzig und gedrungen in den Klüften der Uferklippen.*

SCHUTZ DER KÜSTENLANDSCHAFT

Dieses Buch soll zeigen, wie schön und vielfältig Natur und Landschaft rings um das mare balticum sind. Intakte Natur und schöne Landschaft bilden ein wichtiges Stück unserer Lebensqualität - der von Anwohnern und Urlaubern gleichermaßen. Doch die Schönheit und Vielfalt sind ernsthaft und zunehmend durch den Menschen gefährdet. Die Ostseeküste ist ein wichtiger Siedlungs-, Verkehrs- und Erholungsraum. Hier herrscht ein besonders starker Druck auf Natur und Landschaft. Gerade durch die rasante Entwicklung des Tourismus und dem damit verbundenen Ausbau der Infrastruktur zerstörte man oft unbedacht und unwiederbringlich die wahren Werte der Küste. Dafür gibt es aus jüngster Vergangenheit auch an der deutschen Ostseeküste viele Beispiele.

Doch das Bewusstsein für unsere Umwelt ist in allen Ländern rund um die Ostsee gewachsen - und damit die Einsicht, dass bei der immer intensiveren Nutzung des gesamten Küstenraumes möglichst wenig Schaden entstehen darf. Schon heute gibt es in den meisten Ostseestaaten strenge Regeln für die Bebauung und sonstige Nutzung des Ufersaumes. Durch das erfolgreiche Wirken der „Helsinki-Kommission zum Schutz der Meeresumwelt" (HELCOM) für Meer und Küste wurde das Verantwortungsbewusstsein der Regierungen geweckt, viele Übereinkommen getroffen und zahlreiche Probleme gelöst.

An den Küsten der Ostsee gibt es derzeit hunderte Naturschutzgebiete (Naturreservate) und spezielle Schutzgebiete für Seevögel oder Robben. Naturnahe Landschaften, Kostbarkeiten der Flora und Fauna, einmalige geologische Formationen sowie durch traditionelle Nutzung vom Menschen geformte Landschaften sollen erhalten bleiben. Die wertvollsten Küstengebiete sind durch Nationalparks großräumig geschützt. Davon gibt es inzwischen insgesamt 18 an der Ostseeküste. Auch wenn es in den Schutzgebieten manche Einschränkungen der individuellen Nutzung gibt, so sollte man ihr wichtigstes Ziel - die Bewahrung der Landschaft für den Menschen - bedenken. Und in manchen Situationen und an bestimmten Stellen schließen Schutz und Nutzung einander aus.

Eine große Gefahr für die Küste geht vom zunehmenden Schiffsverkehr auf der Ostsee aus. Das Tankerunglück in der Kadet-Rinne, nach dem im April 2001 rund 2,7 Millionen Liter Schweröl die Küste der Insel Møn verseuchten, macht die dringende Notwendigkeit einer noch immer fehlenden einheitlichen Regelung für den gesamten Schiffsverkehr auf dem kleinen Meer besonders deutlich.

► *Ölkatastrophe am Grønsund zwischen den dänischen Inseln Falster und Møn im April 2001.*

▼ *Karte: Nationalparks an den Küsten der Ostsee.*

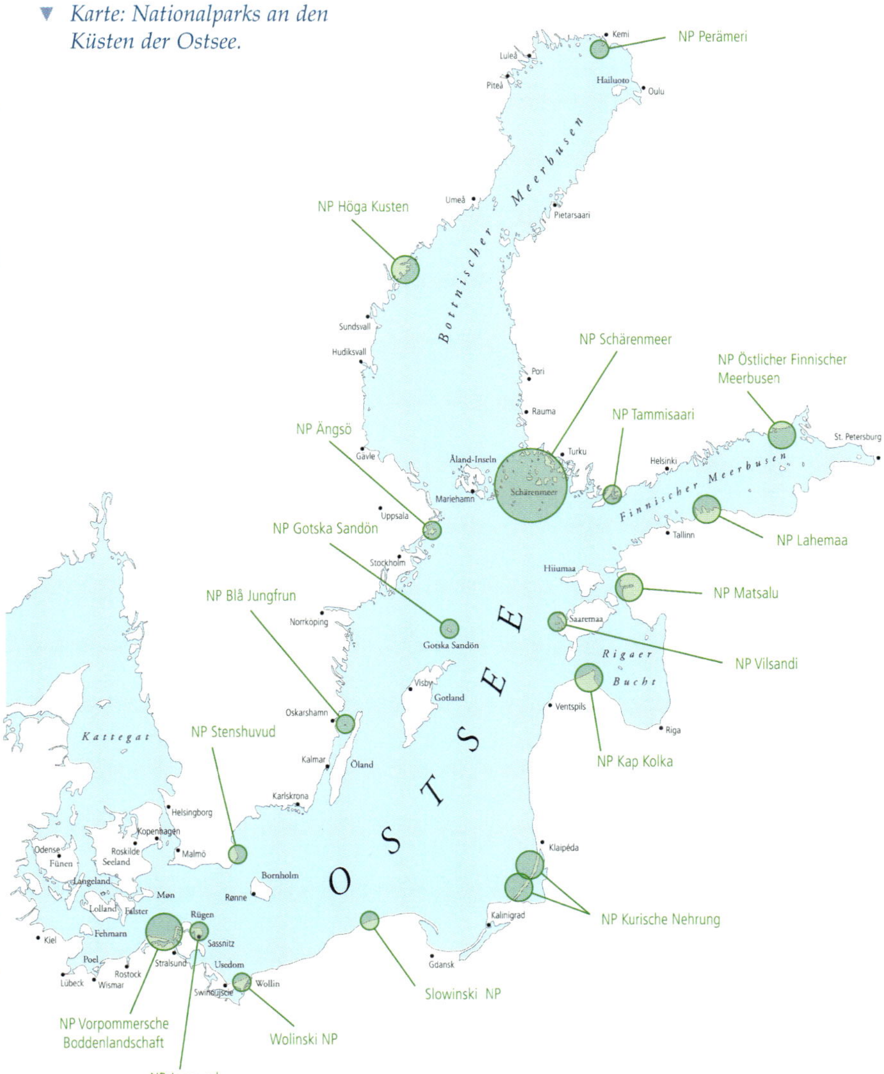

OSTKÜSTE DES BOTTENMEERES

Die finnische Küste zwischen Rauma und Vaasa

Nördlich des Schärenmeeres wird der Küstensaum wieder überschaubar. Je weiter man an der finnischen Bottenmeerküste nach Norden kommt, desto mehr schrumpft der Schärengürtel. Die Küstenstraße führt streckenweise über Moränenrücken, die dicht mit Findlingen bestreut sind und auf denen nordische Kiefern- und Fichtenwäldern wachsen. Dann aber verläuft sie wieder schnurgerade durch flaches Land mit fruchtbaren Feldern. Immer stärker wird der Eindruck des Reisenden, auf gehobenem Ostseeboden zu fahren. Aber nur wenige ahnen, dass hier die Küste noch vor 5.000 Jahren mehr als 100 Kilometer landeinwärts lag.

Die überall bewaldeten Ufer am finnischen Bottenmeer erscheinen insgesamt flach und verlieren nach Norden hin ihren überwiegend felsigen Charakter. Die Küste ist reich an kleinen Buchten. Röhrichtgürtel und Uferwiesen säumen ruhigere Areale. Meist bestimmen die weißen Stämme der Birken, schmale Geröllstrände und zahlreiche große Geschiebe das Bild der Küste. Zwischen einzelnen Klippen erstrecken sich hier und da schmale Sandstrände. Schließlich liegen nur noch einige wenige Inseln im unregelmäßigen Abstand vor den Ufern, manche größere sind durch Dämme mit dem Festland verbunden.

Rauma

Im Süden der finnischen Bottenmeerküste, im Zentrum von Rauma, findet der Tourist das umfangreichste Ensemble von Holzhäusern in einer Ostseestadt - allein das ist schon eine Reise wert. Im Sommer grünt und blüht es überall in diesem „Erbe der Weltkultur" besonders üppig. Dass Rauma auch Hafenstadt ist, merkt man hier nicht. Der Blick vom hölzernen Aussichtsturm am Hafen schweift über eine stattliche Zahl von Sportbooten. So wie überall an der finnischen Küste dienen sie den Besitzern hauptsächlich dazu, ihre in großer Zahl draußen an der Küste liegenden Ferienhäuser zu erreichen. Besonders viele davon gibt es auf den zahlreichen, mit Schilfsäumen umrandeten Waldinselchen, die der Stadt unmittelbar vorgelagert sind - ein kleiner, eng begrenzter Schärengarten.

Pori

Die wichtige Handelsstadt erstreckt sich einige Kilometer von der Küste landeinwärts, am breiten Fluss Kokemäenjoki, an dem früher auch der Hafen lag. Längst hat man die großen Hafen- und Industrieanlagen weit draußen an der Küste errichtet - auf den durch Dämme mit dem Festland verbundenen Inseln. Äußerst beliebt bei den Finnen sind die breiten Sandstrände und die weitläufigen Dünen von Yteri im Vorort Meri-Pori an der Mündung des Kokemäenjoki. Dieser ungewöhnliche, viele Kilometer lange Strand ist nicht nur das Naherholungsgebiet von Pori, sondern auch ein besonders interessantes Ziel für die Sommertouristen der Küstenregion Satakunta. Eine Ursache für die beachtlichen Sandmassen, die hier im Mündungsgebiet des Flusses abgelagert wurden, sind uralte Sandsteine, die hier das Kristallin des Baltischen Schildes bedecken. Diese Gesteine zählen mit einem Alter von 1.400 - 1.200 Millionen Jahren zu den ältesten Sedimentgesteinen des Ostseeraumes. Sie bilden hier und da auch Uferklippen.

Landwirtschaft auf Ostseegrund

Nördlich von Pori fehlen landeinwärts selbst die für die meisten küstennahen Gebiete Finnlands typischen Binnenschären. Die weiten, fruchtbaren Felder aus Ostseeablagerungen einer trocken gefallenen Küstenniederung bestimmen das Landschaftsbild im wichtigsten Landwirtschaftsgebiet Finnlands. Wenn es auf den trockenen Boden regnet, riecht die Erde vielfach noch wie Ostseeschlamm. Neben Getreidefeldern fallen die ausge-

▶ *Ufer des Bottenmeeres südlich Kristinestad. - Solche Bilder gibt es überall an der finnischen Küste des Bottnischen Meerbusens.*

dehnten Zwiebel- und Erdbeerkulturen auf. In jüngster Zeit entstanden riesige Gewächshauskomplexe für Gemüsekulturen. Die weiten Kartoffeläcker findet man etwas nördlicher auf sandigeren Böden.

Inselwelt am Nördlichen Kvarken

Auf Höhe der Küstenstadt Vaasa wird der Bottnische Meerbusen recht schmal. Fast überschaubar ist die rund 25 Kilometer breite inselfreie Wasserstraße des Nördlichen Kvarken zwischen Finnland und Schweden. Hier bildet das Flachwasser der Nordkvarkenschwelle eine natürliche Grenze zwischen dem Bottenmeer und der Bottenwiek. In ungefähr 2.000 Jahren wird in diesem Bereich - bei gleichmäßig fortschreitender Landhebung - ein dichter Inselgürtel die Bottenwiek weitgehend von der übrigen Ostsee trennen. Schon heute gibt es nördlich der Stadt Vaasa einen bemerkenswerten Archipel: hunderte Inseln, von denen die größten untereinander durch Dämme und Brücken verbunden sind.

▼ *Außenküste bei Fäboda, nördlich Vaasa. - Ein typisches Küstenbild für die Ostküste des Bottnischen Meerbusens: der Wechsel von Klippen und Sandstränden. In den Buchten dominieren dagegen Schilfgürtel und Uferwiesen. Insgesamt gibt es an dieser Küste kaum eine bemerkenswerte Erhebung.*

► *Sportboothafen in Rauma. - Wassersport spielt in der Freizeit der Finnen eine große Rolle. Bei den meisten dient das Boot als Versorgungsfahrzeug für die Fahrten zu den zahlreichen Wochenendhäusern, die auch hier vor Rauma in großer Zahl auf kleinen Inseln und an schlecht zugänglichen Ufern liegen.*

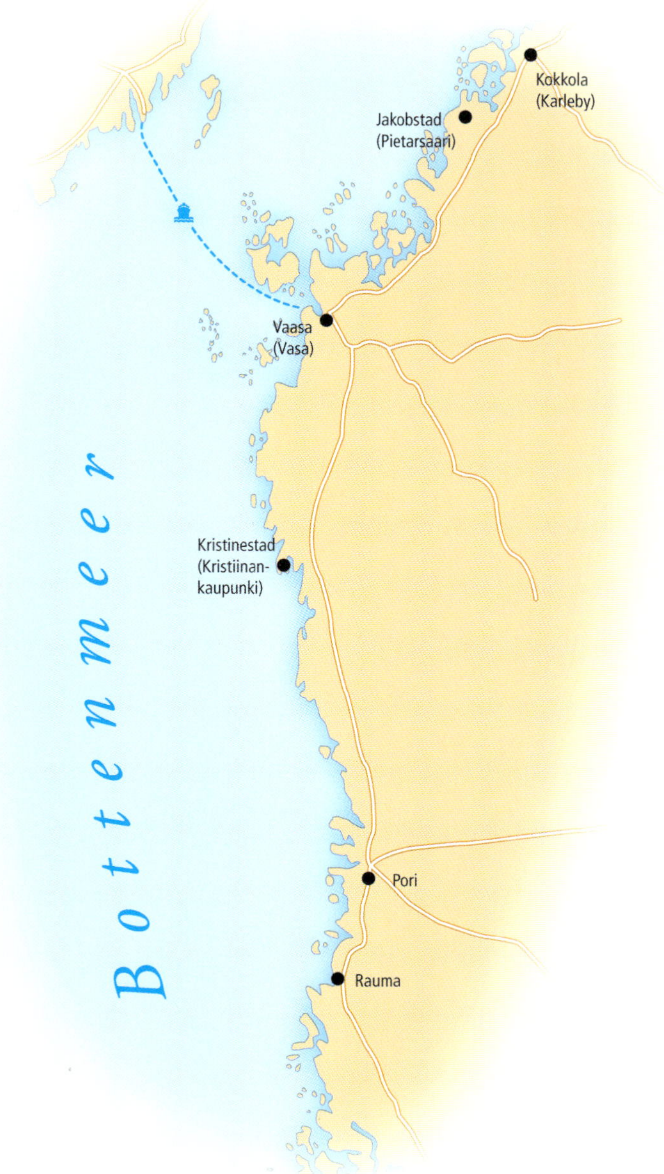

▲ Steinpark von Oravais. - Am naturschönen Oravaisfjärden nordöstlich von Vaasa gibt es - direkt an der Küstenstraße - eine Sehenswürdigkeit besonderer Art: Hier sind große Blöcke der wichtigsten Gesteine Finnlands - über 100 Arten - aufgestellt und erläutert. In diesem geologischen Freilichtmuseum kann man also lernen, wie die Gesteine an der finnischen Küste „anzusprechen" sind.

Folgende Seite:
Am Vassarfjärden bei Vaasa. - Der verschlungene, tief ins Land eingreifende Fjord zeigt in seinem innersten Teil typische Verlandungserscheinungen. Weite Wasserflächen sind dicht mit Gelben Teichrosen oder mit Wasserhyazinthen bedeckt.

KÜSTENPFLANZEN

Jeder aufmerksame Badegast und Strandwanderer hat längst bemerkt, dass am Meer ganz besondere Pflanzen wachsen. Diese charakteristischen Gewächse bezeichnet der Fachmann als „salzholde" Pflanzen, also solche, die durch den Kontakt mit Salzwasser besonders gut gedeihen. Anderen, sogenannten „salztoleranten" Pflanzen, macht es zumindest nichts aus, ab und zu mit Salzwasser in Berührung zu kommen.

Dort, wo die Wellen den Strand beständig überspülen, können sich kaum Pflanzen ansiedeln. Doch schon am Spülsaum, auf dem überwiegend trockenen Sandstrand, gedeihen einige auffallende Arten: der violett blühende Meersenf, die Kugelbüsche des Kali-Salzkrautes und die weiß blühende Strandkamille. Die feingliedrige Salzmiere bildet große, flache Polster. Im Strandgeröll wächst hier und da der Meerkohl, die stattlichste aller „Salzpflanzen". Weiter landeinwärts, in der Vordüne oder auf dem Strandwall, findet man die ebenso schöne wie seltene Stranddistel, die farbenprächtig rot und violett blühende Strand-Platterbse sowie das zarte Strand-Stiefmütterchen.

Für die Weißdünen charakteristisch sind die dichten Bestände der hohen, harten Gräser wie Strandhafer und Strandroggen, die mit ihrem reich verzweigten Wurzelwerk den Sand festhalten. In den Graudünen und auf alten Strandwällen fallen gelbe Sand-Strohblumen und die rötlich blühenden Grasnelken auf.

Salzwasser beeinflusst auch die charakteristische Pflanzenwelt der kurzrasigen Uferwiesen, die ab und zu überspült werden. Hier wachsen als auffallende Arten beispielsweise Salzmelde, Milchkraut und Erdbeerklee. Als attraktive Seltenheit findet sich an einigen Stellen der südwestlichen Küsten der violett blühende Strandflieder. Die hohen Stauden der Strandaster zeigen das üppige Violett ihrer vielstrahligen Blüten meist im Röhrichtgürtel stiller Uferzonen.

In den nördlichen Teilen, dort wo das Ostseewasser kaum noch salzig ist, wachsen im Strandgeröll und zwischen den Klippen so auffallende Stauden wie Blutweiderich, Strand-Baldrian, Fetthenne und das gelbe Labkraut. Auf den Uferwiesen blühen im Sommer üppige Bestände von Mädesüß und Weidenröschen und verleihen diesen Küsten einen ganz ungewöhnlichen Reiz. Eine Besonderheit der nördlichen, felsigen Küsten der Ostsee sind die kleinen Klippentümpel. Dort gedeihen u. a. Froschlöffel und Fieberklee, an ihren Rändern dicke Moospolster mit Sonnentau.

Eine ganze Reihe botanischer Raritäten wächst am Ostseestrand. Vieles davon steht unter Naturschutz. Wer mit offenen Augen an der Küste wandert, der wird zahlreiche interessante Pflanzen entdecken - und sich vielleicht ein Pflanzenbestimmungsbuch kaufen.

► *Von oben nach unten:*

Stranddistel
Strand-Platterbse
Kali-Salzkraut
Meerkohl

RUND UM DIE BOTTENWIEK

Die nördlichsten Ufer der Ostsee

Wer bei seiner sommerlichen Skandinavienreise die fast 300 Kilometer lange und durchschnittlich mehr als 100 Kilometer breite Bottenwiek umrundet, für den lohnt es sich, auf Entdeckungen zu gehen. Denn oft nur wenige Kilometer von der längs der Küste verlaufenden Europastraße entfernt, liegen im finnischen Österbotten und im schwedischen Västerbotten eine ganze Reihe landschaftlicher Sehenswürdigkeiten, an denen man leicht vorbeifährt. Die weit nördliche Lage des Gebietes erleichtert im Sommer eine Entdeckungsreise: Im Juni und Juli ist es hier 24 Stunden am Tag hell.

Der nordöstlich von Vaasa gelegene Vassarfjärd ist ein schmaler, tief ins Land eingreifender Fjord. In seinem innersten Bereich - von der Küstenstraße begrenzt und von dort aus einsehbar - bedecken üppige Bestände der Gelben Teichrose und der Wasserhyazinthe weite Teile der Wasserflächen. Seine breiten Röhrichtsäume sind Brutvogelgebiet - wie die darüber stehenden Schwärme von Lachmöwen und Seeschwalben erkennen lassen. An einer anderen Stelle der Küstenstraße, am landschaftlich besonders schönen Oravaisfjärd, gibt es den „Steinpark Oravais“ - eine einzigartige Freiluftausstellung mit Blick auf Schären und Meer. Hier sind über 100 teilweise tonnenschwere Brocken der wichtigsten Gesteine aus ganz Finnland aufgestellt. Auch alle Gesteinsarten, die es an der finnischen Küste gibt, finden sich an diesem Platz wieder - natürlich mit Namen, Alter und Herkunftsort versehen.

Von Pietarsaari nach Kokkola

Nahe der kleinen Küstenstadt Pietarsaari (Jacobstad) mit ihrem bemerkenswerten historischen Zentrum liegt das Schärengebiet von Fäboda mit ungewöhnlich schönen Sandstränden, Dünen und Klippen. Eine kurvenreiche, landschaftlich reizvolle Nebenstraße führt durch dieses Gebiet der „Sieben-Brücken-Schären“ zwischen Meer und dem verzweigten Larsmosee entlang von Pietarsaari zur Hafenstadt Kokkola (Karleby) durch die Wälder. 360 winzige Inseln soll es allein bei Larsmo geben. Auf Köpmanholmen, einem Ausflugsziel in diesem Schärengebiet, empfiehlt sich „Terra&Mare“, ein kleines Museum, das sich ganz dem Phänomen der Landhebung und seiner Folgen widmet. Auf der Insel Tankar vor Kokkola widmet sich ein anderes Museum dem Thema Robbenjagd, die längst Geschichte ist.

Kalajoki

Nur wenige hundert Meter landeinwärts besitzt der Fluss Leslijoki bei Himanka noch Stromschnellen und steiniges Wildwasser. Unmittelbar vor seiner Mündung ist er dagegen still und tief. Ähnliche Bilder bieten auch die Mündungsbereiche vieler Flüsse, welche die Küstenstraße queren. Ursache für dieses ungewöhnliche Phänomen ist wiederum die Landhebung.
Ein Stück weiter, südwestlich der Mündung des Flusses Kalajoki und der gleichnamigen Stadt befindet sich das viel besuchte Urlaubsgebiet Kalajoki, das zu den beliebtesten Touristenzentren Finnlands zählt. Seine weiten Strände und das ausgedehnte Dünengebiet sind die größten ihrer Art an der finnischen Ostseeküste. Der trocken-karge Dünenkiefernwald erstreckt sich einige Kilometer längs der Küste und auch weit landeinwärts. Charakteristisch für Kalajoki ist der grobe, rötliche Sand. Hiekkaskärkät heißt das turbulente Sommerzentrum von Kalajoki direkt am Strand, mit Hotels, Campingplätzen und Dünenbahn. Von hier aus bringt ein kleines Ausflugsschiff die Sommertouristen in die Einsamkeit - zu den winzigen, flachen Kalla-Inseln Maakalla und Ulkalla, die fast 20 Kilometer weit draußen im Meer liegen. Diese traditionellen Fischerinseln bestehen nur aus Klippen, Kies, Geröll und Geschieben. Sie tauchten erst vor wenigen Jahrhunderten aus dem Meer auf und zählen zu den besonders einsam gelegenen Schären der Ostsee.

► *Ufer südlich des Bjuröklubb; Westküste der Bottenwiek. - Eine so markante, weit ins Meer hineinragende „Steinudde“ entsteht, wenn das gebrochene Eis von den Frühlingsstürmen mit großer Gewalt gegen die Küste gepresst wird. Dabei werden auch viele Tonnen schwere Gesteinsbrocken gegen die Küste geschoben und an manchen Stellen - so wie hier - konzentriert.*

Nördlich von der Kalajoki-Mündung sind die Ufer auf Dutzende Kilometer fast „inselfrei“. An der völlig ebenen Küste dominieren die Röhrichtgürtel und Uferwiesen - ein für den nördlichsten Teil der finnischen Küste typisches Landschaftsbild, das stellenweise an vorpommersche Boddenufer erinnert.

Die Sandküste Finnlands

Das Küstengebiet südlich und nördlich von Oulu ist das sandreichste Finnlands. An vielen Stellen macht der typische breite Schilfgürtel schönen Stränden Platz. Sogar in Oulu selbst, der weitläufigen, rasch aufstrebenden Großstadt, gibt es an der Kempeleen-Bucht einen Badestrand. In einem Feuchtgebiet am Rande der Limingan-Bucht bei Liminka, südlich Oulu, liegt ein in ganz Finnland bekanntes Rast- und Brutgebiet für

▲ *Ufersaum an der Nordküste der Insel Hailuoto. - Auf dem nährstoffreichen Angespül einer kleinen Bucht grünt und blüht es im Sommer in großer Üppigkeit. Besonders auffallend sind die hohen Stauden des Baldrians, dessen zartviolette Blüten einen starken Duft ausströmen.*

◀ *Strand und Dünen bei Kalajoki. - Weite Sandflächen erstrecken sich am Ufer der Bottenwiek südwestlich der Mündung des Kalajoki. Strand und Dünen bestehen hier aus scharfem, grobem Sand, der typisch ist für diese Ufer, die als die „Riviera Finnlands" gelten und an denen im Sommer zeitweise Hochbetrieb herrscht. Insgesamt ist dieser Küstenabschnitt zwischen Kokkola (Karleby) und Oulu der weitaus sandreichste an der finnischen Küste.*

▶ *Ostküste der Insel Hailuoto. - An den ruhigen Uferzonen der Bottenwiek wachsen vielerorts breite Schilfgürtel, die teilweise an die Boddenküste Vorpommerns erinnern. Auch hier findet man zwischen dem Schilf hin und wieder Strandastern.*

Seevögel. Die naturkundliche Ausstellung im neuen Naturum regt die Besucher an zu eigenen Vogelbeobachtungen im Naturschutzgebiet. Insgesamt gehört dieser gesamte Küstenbereich um Oulu sogar zu den vogelkundlich interessantesten an der Ostsee.

Hailuoto

Wie ein riesiger, mit arktischem Kiefernwald bedeckter Sandklecks erscheint die größte Insel der Bottenwiek, die westlich von Oulu gelegene, rund 200 Quadratkilometer große Insel Hailuoto. Man erreicht sie in halbstündiger Fahrt mit der Fähre. Bei der Überfahrt fallen in einiger Entfernung große, aus dem Flachwasser herausragende Steine auf. Zeitweise ist jeder von ihnen „belegt" - mit einer Ringelrobbe. Diese Robbenart verfügt gerade hier, im nördlichsten Teil der Ostsee, über ihre größten Bestände. Im Winter versucht man, den rund sieben Kilometer langen Wasserweg zur Insel möglichst lange befahrbar zu halten. Aber irgendwann ist das Eis so dick, dass die Versorgung der Insel auf dem „Eisweg" - also per Auto - erfolgen kann.
Hailuoto tauchte vor etwa 1.700 Jahren aus der Ostsee auf. Seither vergrößert sich die Insel fortlaufend. Vor ihren geschützten Uferzonen wächst ein besonders breiter, hoher Schilfgürtel. An der Außenküste erstrecken sich dagegen kilometerlange, menschenleere Sandstrände. Sandhaken und kleine Nehrungen zeugen ebenso von einer bemerkenswerten sommerlichen Küstendynamik wie die auf manchen Uferwiesen aufgeschütteten Strandwälle. Bei starkem Südwest gibt es hier, im äußersten Nordosten der Bottenwiek, durch Windstau bedingtes Sturmhochwasser. Im Winter herrscht dagegen natürlich eisige Ruhe. Ein Skilauf über die unendlich weiten verschneiten Eisflächen gilt dann als besondere Attraktion. Schwere Eisbrecher halten lediglich die Zufahrten zu den großen Häfen befahrbar. Nur das erste (noch dünne) oder das letzte (schon mürbe) Eis kann vom Sturm gebrochen und dann mit zerstörerischer Gewalt gegen die Küste gepresst werden. Davon her rührende Spuren erkennt man noch im Sommer.

◄ *Ufer bei Rantasumpu, Insel Hailuoto. - Diese Insel wird von manchen Finnen schlicht als „Sandhaufen" bezeichnet. Tatsächlich besteht die heute rund 200 Quadratkilometer große Insel, die erst vor etwa 1.700 Jahren als kleine Sandbank aus der Bottenwiek auftauchte, fast ausschließlich aus Sand.*

▲ *Nordküste der Insel Hailuoto. - Unberührte, menschenleere Strände säumen die weiten Dünenkiefernwälder Hailuotos. Die grünen Poster auf dem Strand werden von der Salzmiere gebildet.*

► *Westküste der Insel Hailuoto. - Solche üppig blühenden Uferzonen gehören zum sommerlichen Bild der nördlichsten finnischen Küstenabschnitte. Hier sind es Löwenmäulchen (vorn), Weidenröschen und Mädesüß (hinten), die auch in trockeneren Arealen gedeihen.*

170

Die nördlichste Küste

Wer um die Zeit der Sommersonnenwende, in einer der taghellen Nächte, gegen ein Uhr nachts auf den Sprungschanzenberg von Kalix klettert, der entdeckt weit im Süden die Ostsee. Und am nördlichen Horizont - über den unendlichen Wäldern Lapplands - erblickt er tatsächlich einen schmalen Streifen der Mitternachtssonne. Das nördlichste Ostseeufer liegt nur 80 Kilometer südlich vom Polarkreis!

An dieser nordischen Küste und ihrer Inselwelt zwischen Kemi, Luleå und Piteå sind heiße Sommertage durchaus an der Tagesordnung. Die schönen Badestrände, wie die auf Seskarö bei Haparanda, am Frevisören nahe Kalix oder auf Sandö vor Luleå, sind dann dicht bevölkert. Das Wasser in den flachen Buchten erwärmt sich hin und wieder bis auf 22 Grad. Besonders dann fällt es schwer sich vorzustellen, dass hier alle Gewässer länger als ein halbes Jahr eine feste Eisdecke tragen und dann die zahlreichen Boote, die hier überall als „Zubringer" für unzählige Hütten in den kleinen Häfen liegen, durch Motorschlitten ersetzt werden müssen.

Die westlich von Haparanda gelegene Seskarö, die nördlichste aller dauernd bewohnten Ostseeinseln, ist über eine Brücke mit dem Festland verbunden. Die Insel ragt mehr als 100 Meter über den Meeresspiegel und bietet von ihrer höchsten Erhebung einen besonders weiten Blick. Hier liegen auch ausgedehnte fossile Strandwälle aus grobem Geröll - etwa 5.000 Jahre alte „Klappersteinfelder". Sie stammen aus jener Zeit, in der die Insel gerade aus den Fluten des Litorinameeres auftauchte.

Wer in der Inselwelt südlich von Kalix mit einem Boot auf Entdeckungsfahrt geht, der wird begeistert sein. Gewaltige Findlinge ragen an manchen Stellen vor den Ufern aus dem Wasser. Auf der kleinen Insel Huvö kann man phantastische Klippenformationen, auf den naturgeschützten Inseln Renskär und Likskär eine besonders eindrucksvolle Schärenlandschaft bewundern.

▶ *Mündungsarm des Tornioälven bei Tornio/Haparanda. - Der wasserreiche finnisch-schwedische Grenzfluss entlässt hier sein braunes, humussäurereiches Wasser aus den lappländischen Mooren in die Bottenwiek. Der Tornioälven entspringt weit im Norden, im Hochgebirge an der finnisch-norwegischen Grenze.*

▼ *Blick vom Gipfel der Insel Seskarö auf die nördlichsten Inseln der Ostsee. - Auf der höchsten Erhebung der nördlichsten bewohnten Ostseeinsel liegen Geröllfelder mehr als 100 Meter über dem heutigen Meeresspiegel. Einst befanden sie sich in der Brandungszone der Bottenwiek. Sie kamen durch die forschreitende Landhebung in eine solche hohe Position.*

Flüsse aus Lappland

Die wasserreichen Flüsse Kemijoki, Torneälv, Kalixälv, Råneälv und Luleälv kommen aus den Moorgebieten Lapplands und werden besonders im Frühjahr, zur Zeit der Schneeschmelze, zu reißenden Strömen. Gelöste Humussäuren färben diese breiten Flüsse, die in den nördlichsten Teil der Bottenwiek münden, intensiv bräunlich. Daher ist auch das Wasser der Bottenwiek stets eigenartig bräunlich, dabei aber immer klar.

Nicht nur im Wasser der Bottenwiek, auch an ihren Ufern gibt es auffällige Besonderheiten: An den Spülsäumen findet man keine einzige Muschel, sondern lediglich winzige dünnschalige Schnecken; auf manchen Strandwällen wachsen üppig fruchtende Himbeersträucher und im Strandsand erkennt man Elch- und Rentierspuren...

▶ *Strand bei Båtskärnäs, südöstlich Kalix. - Man mag es kaum glauben: Der Polarkreis liegt nur 80 Kilometer weiter nördlich dieses einladenden Badestrandes von Frevisören. Hier scheint die Sommersonne viel länger am Tag als an den südlichen Gestaden der Ostsee. Und manchmal erwärmt sich dadurch sogar das Wasser der Bucht, die sechs, sieben Monate im Jahr zugefroren ist, auf akzeptale Badetemperaturen.*

▼ *Bootshafen südlich von Kalix. - Boote werden auch an der nördlichsten Küste der Ostsee von vielen Leuten gebraucht, denn die meisten haben irgendwo draußen auf den Inseln ein Sommerhaus und das Angeln gehört auch bei den Schweden zu einer der beliebtesten Freizeitbeschäftigungen.*

Felsflachland-Küste
Die westlichen, schwedischen Ufer der Bottenwiek sind ein wenig höher als die östlichen, finnischen - und sie bieten mehr Steine und Klippen. Auf langer Strecke trifft man auf Geschiebeblockstrände, auf unwegsame Ufersäume aus großen Gesteinsbrocken, die vielfach landseitig von dichtem Wald begrenzt werden. Die Küste zwischen Piteå und Umeå hat dazu in den Buchten hier und da auch kleine Sandstrände - in den Karten als Badeplätze ausgewiesen. Die inneren Bereiche der Buchten zeigen aber meist die charakteristischen, durch Landhebung verursachte Verlandung - sumpfige Uferwiesen und breite Röhrichtgürtel, aus denen vereinzelt große Geschiebe hervor schauen. Stellenweise berührt auch die Europastraße solche Buchten, in denen Ostseeboden allmählich zu Festland wird.

Bjuröklubb
Die 47 Meter hohe Klippe des Bjuröklubb ragt weit über die übrige flache Küste Västerbottens empor. Sie ist eine uralte Landmarke. Als Bischof Olaus Magnus 1519 auf seiner legendären Ostseereise längs der Westküste der Bottenwiek segelte, fiel ihm genau diese Stelle auf - Klippen mit zum Trocknen ausgelegten Fisch und das eigenartige „Gesicht", das aus dem Felsrücken herausschaut. Diese „Klubbsnyten" findet sich auch auf der großen *carta marina* von Olaus Magnus aus dem Jahr 1539. Heute trocknet man keine Fische mehr auf den Klippen. Aber das steinerne Gesicht ist - mit etwas Fantasie - noch immer erkennbar.
Früher war der kleine Bergrücken des Bjuröklubb die östlichste Insel eines Schärengebietes, das inzwischen vollständig trocken gelaufen ist - also zu Festland wurde. Jetzt liegen auf der exponierten Landspitze mit ihren beeindruckenden Klippen das Leuchtfeuer und die in ganz Schweden bekannte Wetterstation.

Eine Wanderung längs der Ufer dieses bemerkenswerten Naturschutzgebietes gehört zu den besonderen Ostsee-Erlebnissen. Man trifft auf die ausgedehnten glattgeschliffenen Gneisklippen der „Sillhällorna", auf denen früher die Fische getrocknet wurden. Einige Stellen des Ufergesteins erscheinen wie von Künstlerhand modelliert - so fantastische Formen und Strukturen besitzt hier der harte Gneis. Es sind aber Kunstwerke der Natur, geformt von unter dem Inlandeis fließenden Schmelzwasserbächen. Auf kleinen Schären in Ufernähe brüten Gänse und Seeschwalben. Am Rande der zahlreichen flachen Klippentümpel blühen Fieberklee, Blutweiderich und Baldrian, wachsen Moospolster mit üppigen Beständen von Sonnentau. Es kann durchaus vorkommen, dass sich hier an einem sonnigen, warmen Tag mitten im Hochsommer um die Mittagszeit dichter, eisiger Seenebel von der Bottenwiek gegen das Land wälzt und die Ufer verhüllt.

◄ *Sommersturm bei Båtskärnäs an der Bottenwiek südöstlich Kalix. - Vor Stürmen und Hochwasser braucht man sich an dieser Küste im Winterhalbjahr nicht zu fürchten - dann ist das Meer zu Eis erstarrt. Die seltenen Stürme des Sommers können zwar heftige Wellen schlagen und den Pegel durch Windstau ansteigen lassen, dramatisch wird es dadurch kaum. Gefahr für die Küste besteht nur dann, wenn im Frühling, nach dem Eisaufbruch, ein Sturm die Schollen mit Gewalt gegen die Küste presst.*

▼ *Strand südlich Bjuröklubb. - Ein charakteristisches Bild für die Westküste der Bottenwiek: Geschiebeblöcke und grobes Geröll säumen das flache Ufer, das unmittelbar in den Wald übergeht. Auch der Nebel ist typisch, denn selbst an warmen, sonnigen Hochsommertagen hüllen plötzlich eisige Seenebelschwaden, die von der Bottenwiek herantreiben, die Küste ein. Kurze Zeit später kann wieder die Sonne scheinen.*

▲ *Klippen am Bjuröklubb. - Auf diesen geologisch vielfältigen Gesteinsflächen trocknete man im Mittelalter Fische. So jedenfalls ist es auf der großen* carta marina *von Olaus Magnus aus dem Jahr 1539 dargestellt.*

◄ *Blick zum Bjuröklubb. - Der markante Felsrücken ist eine in Schweden weit bekannte Lokalität: In vielen Wettermeldungen taucht der Name der Station auf, die zusammen mit dem Leuchtfeuer den Hügel krönt. Die Halbinsel ist Naturschutzgebiet, in dem man herrlich wandern kann.*

▼ *Klippentümpel südlich Bjuröklubb. - An solchen kleinen Wasserstellen findet man oft eine interessante Pflanzenwelt. Hier hat sich Fieberklee angesiedelt, der im moorigen Bodenschlamm wurzelt. Die rotbraunen Stellen sind dichte Bestände des winzigen Sonnentaus, einer „fleischfressenden" Pflanze.*

DIE HÖCHSTEN UFER DER OSTSEE

An der Westküste des Bottenmeeres

Südlich der engsten Stelle des Bottnischen Meerbusens bleiben die schwedischen Ostseeufer steinig. Sie werden aber allmählich höher und erscheinen an der Hohen Küste (Höga Kusten) sogar bergig. Dieser fast 100 Kilometer lange Küstenabschnitt zwischen Örnsköldsvik und Härnösand trägt seinen Namen völlig zu Recht. Hier liegen sowohl die höchsten Erhebungen an der Ostsee, als auch ihre höchste Insel. Landschaftlich zählt die Hohe Küste ohne Zweifel zu den schönsten aller Ostseeufer - als bemerkenswerte Kulturlandschaft sogar offiziell zum Welterbe der UNESCO. Natur und Kultur verschmelzen hier zu einem ungewöhnlich harmonischen Ganzen.

Bevor Höga Kusten erreicht ist, trifft man südlich von Umeå, bei Hörnefors, auf einen sehenswerten kleinen Schärengarten aus eigenartig lang gestreckten, schmalen Inselchen, zu denen sogar ein „Schärenkreuzer" fährt. Weitere 50 Kilometer südlich hat man von der markanten Skagsudde mit dem auf Klippen gegründeten Leuchtturm Skags Fyr den ersten Blick auf die Hohe Küste.

Höga Kusten

Ein sanftes, reich gegliedertes Bergland erstreckt sich vom Westen her bis zur Ostsee. An der Küste löst es sich auf in zahlreiche Halbinseln und Inseln. Hier erreichen die höchsten Erhebungen fast 300 Meter. Die steilen, meist bewaldeten Berge, die dazwischen tief ins Land eingreifenden, reich verzweigten Buchten und die schönen Täler mit Seen geben dieser anheimelnden Landschaft ihren besonderen Reiz. Es gibt viele Möglichkeiten, sie vom Wasser oder von Land aus zu erkunden. Wer sich Zeit nimmt und ein Stück auf dem „Höga Kustenleden" wandert, der erlebt sie in ihrer vollen Schönheit. Die Aussicht vom Valkallen und vom Högklinten ist überwältigend.

An vielen Stellen trifft der Wanderer auf ausgedehnte Steinfelder, fossile Strandwälle, die alle einmal im Brandungsbereich des Meeres aufgeschüttet wurden. Die Schweden sagen zu diesen kahlen Geröllfeldern „Klapperstensfelt", denn es ergibt ein klapperndes Geräusch, wenn man über die kopfgroßen bis zentnerschweren Steine läuft. Die jüngsten dieser Klappersteinfelder findet man nur wenige Meter über dem Meeresspiegel. Die ältesten, vor ca. 9.000 Jahren entstandenen, liegen dagegen in über 250 Meter Höhe an den Berghängen. Demnach haben also vor 9.000 Jahren, als die Küste noch mehr als 50 Kilometer weiter landeinwärts verlief, nur diese Gipfel als Inseln aus dem Wasser geschaut. Durch die Klappersteinfelder wird die Landhebung besonders eindrucksvoll dokumentiert. Und noch immer hebt sich hier das Land um fast einen Zentimeter pro Jahr.

Am Küstensaum fallen überall die verschiedenartigen Gesteine auf, denen Höga Kusten ihre besondere Landschaftsformen verdankt: intensiv roter Rapakivi, („Nordingrå-Granit") dunkler Gabbro und Diabas, ja sogar uralter rötlicher Sandstein.

Nationalpark Skuleskogen

Dieser Küstennationalpark mit dichten Fichtenwäldern, bizarren Klippen und ausgedehnten Klappersteinfeldern befindet sich wenige Kilometer von der E 4 entfernt. Eine mehrstündige Wanderung führt durch kaum berührte Landschaft, hinauf zum 333 Meter hohen Slåttdalsberg, der herrliche Aussicht auf die Hohe Küste und ihre Inseln bietet. Den höchsten Gipfel zerschneidet eine nur fünf Meter breite, 40 Meter tiefe und 300 Meter lange Schlucht - Slåtdalsskrevan. Interessant sind auch jene kleinen Seen, auf die man im Nationalpark bei über 200 Meter Höhe trifft, die höchstgelegenen rund um die Ostsee.

Das Besucherzentrum für den Nationalpark, „Naturum Skuleberget", liegt direkt an der E 4. Wer damit zufrieden ist, die Hohe Küste aus der Ferne zu betrachten, für den gibt es direkt oberhalb einen besonders schönen Aussichtspunkt. Auf einem Klettersteig kann man die knapp 300 Meter hohe Felswand des Skuleberges erklimmen und wird mit einem fantastischen Blick auf die Küste belohnt.

▶ *Klippen bei Norrfällsviken; Höga Kusten. - Der granitartige Rapakivi bestimmt das Bild der Ufersäume am höchsten Küstenabschnitt der Ostsee. Im Hintergrund liegt Mjältö, mit 236 Meter die höchste aller Ostseeinseln.*

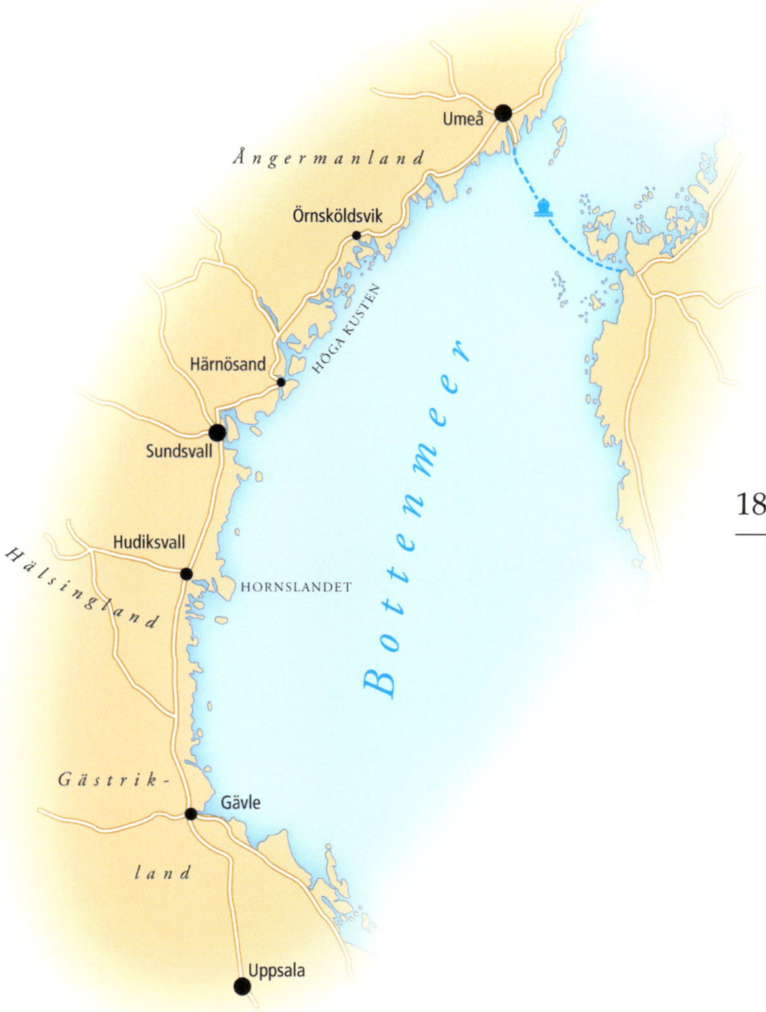

◄ *Aussicht vom Valkallen auf den Norafjärden, Höga Kusten. - Die Gewässser dieses anheimelnden Berglands sind nicht etwa Seen, sondern verzweigte Fjorde der Ostsee. Die besonders schöne Kulturlandschaft der Höga Kusten zählt heute offiziell zum „Welterbe" der UNESCO.*

▼ *Blick vom Slotdalsberg, Höga Kusten. - Vom höchstgelegenen Aussichtspunkt im Nationalpark Skuleskogen überschaut der Wanderer den nördlichen Teil einer für die Ostseeküste ungewöhnlichen Landschaft.*

Die hohen Inseln

Vor Höga Kusten liegen zahlreiche Inseln, darunter auch einige ungewöhnlich hohe. Mit einer Höhe von 236 Metern über NN hält die etwa acht Quadratkilometer große Mjältö den Rekord. Sie ist - mit großem Abstand - die höchste aller Ostseeinseln. Da niemand auf Mjältö wohnt, gibt es auch kein „Turboot", das Touristen zu ihr hinüber bringt. Anders bei der nahe gelegenen Insel Ulvö, die man gern als „Perle des Bottenmeeres" bezeichnet: Von den beiden kleinen Häfen in Ullånger und Doksta, die an der E 4 liegen, gibt es dorthin im Sommer täglich Schiffsverbindungen. Das zweigeteilte Eiland bildet ein besonders beliebtes Ausflugsziel. Nach zweistündiger Bootsfahrt erreicht man Ulvöhamn, ein romantisches Fischerdorf in geschützter Lage zwischen Nord- und Südinsel.
Das wohl interessanteste Ausflugsziel dieses Archipels ist die kleine felsige Insel Högbonden an der äußeren Kante des Inselgürtels. Die 75 Meter hohe, klip-

penreiche Felskuppe ist nur etwa 25 Hektar groß. Zur freien Ostsee hin besitzt sie ein steiles Kliff, an dem die Brandung oft haushoch empor schlägt. Gekrönt wird Högbonden von einem Leuchtturm. Ein kleines, schnelles Ausflugsboot bringt die Besucher von Bönhamn und Barsta dorthin.

Ångermanälven

Durch die Höga Kusten-Autobahn im Zuge der E 4 ist dieses Küstengebiet seit 1997 gut erschlossen. Man hat versucht, beim Straßenbau - einem schwerwiegenden Eingriff in diese sensible Landschaft - möglichst wenig Schaden zu verursachen. Ob das wirklich gelungen ist, mag jeder für sich entscheiden. Ganz im Süden der Hohen Küste verläuft die E 4 über eine neue, beeindruckende Hängebrücke, mit gewaltigen, 180 Meter hohen Pfeilern. Sie überspannt den fast kilometerbreiten Wasserarm des Ångermanälv kurz vor seiner Mündung.

Halbinsel Hornslandet

Auf Höhe Hudiksvall ragt Hornslandet als auffallende Halbinsel in das Bottenmeer. Ein Ausflug dorthin lohnt. Der südlichste Zipfel der Arnövik, direkt an der Straße nach Hornslandet, vermittelt den Eindruck eines schmalen, langgestreckten Sees, der sich malerisch durch den Fichtenhochwald windet. Erst der Blick ins Wasser hinein schafft Klarheit: Am Grunde des Gewässers wächst Blasentang.

Also ist das Wasser salzig und kein See, sondern Ostsee. So kann es dem Ortsfremden auch an manch anderer Uferbucht am westlichen Bottenmeer gehen. Im Süden von Hornslandet gibt es ein Naturreservat mit Klappersteinfeldern, Strand und Klippen - und die Möglichkeit zu wandern. Die hat man eher selten in diesem Gebiet, das sich - so wie viele andere schwedische Ostseeufer - meist als „Privatområde" verschließt. Mit dem Sportboot wird man in den zahlreichen kleinen Gästehäfen eher willkommen geheißen. Manche dieser der Küste vorgelagerten Inseln und Schären sind zwar kein Privatgelände, jedoch ist auch dort der Zutritt meist von Mitte April bis Mitte August untersagt - es handelt sich um Seevogel- oder Robbenschutzgebiete.

Im Süden des Bottenmeeres

Um die Hafenstadt Gävle sucht man an der flachen Küste vergeblich nach markanten Plätzen und Aussichtspunkten. Die 25 Kilometer lange, landschaftlich schöne Waldinsel Gräsö bildet den südlichsten Abschnitt der Bottenmeerküste. „Offiziell" gilt der Wasserarm Öregrundsgrepen zwischen Insel und Festland als „Eingang zum Bottenmeer". Vor Gräsös feingliedriger Außenküste liegt eine große Zahl winziger Inselchen - hier beginnt die schwedische Schärenküste mit dem nach Süden hin immer breiter werdenden Schärengürtel.

▲ *Blick vom Högklinten nach Süden, Höga Kusten. - Ein felsiger bewaldeter Höhenzug schiebt sich an diesem Küstenabschnitt in die Ostsee hinein und löst sich - so wie im Hintergrund erkennbar - auf in Inseln und Halbinseln.*

◄ *Außenstrand der Insel Ulvö, Höga Kusten. - Rapakivi und Diabas, zwei unterschiedliche kristalline Gesteine, sorgen für ungewöhnliche Farbkontraste an diesem Geröllstrand.*

◄ *Insel Ulvö, Höga Kusten. - Am schmalen Sund zwischen nördlicher und südlicher Ulvö liegt der traditionelle Fischerort Ulvöhamn, heute ein beliebtes Ausflugsziel.*

▼ *Höga Kusten-Brücke. - Mit ihren 180 Meter hohen Pylonen überspannt diese neue Brücke den Ångermanälven, der hier - kurz vor seiner Mündung - eine kilometerbreite Ostseebucht bildet.*

▲ *Insel Högbonden, Höga Kusten. - Das markante kleine Eiland mit seinem Leuchtturm steht wie ein Vorposten vor der Hohen Küste. Seine exponierte Lage ist auch auf dem Bild rechts gut zu erkennen: Es handelt sich um die linke der am Horizont liegenden Inseln.*

► *„Klappersteinfeld“ bei Norrfällsviken, Höga Kusten. - Durch andauernde Landhebung kamen diese fossilen Strandwälle in eine so hohe Position. Die höchsten „Klappersteinfelder“ liegen an der Höga Küsten bei mehr als 220 Meter über NN. Ihren Namen erhielten sie vom klappernden Geräusch, das entsteht, wenn man diese Geröllflächen zu Fuß überquert.*

▲ *Diabasklippen im Naturreservat Rotsidan, Höga Kusten. - Vor rund 600 Millionen Jahren am Meeresboden erstarrte Lava bildet heute an diesem Ufer weite glatte Flächen.*

◀ *Geröllfeld im Naturreservat Rotsidan, Höga Kusten. - Nicht nur die ungewöhnliche Höhe dieser Küste, sondern auch die große Vielfalt an Gesteinen und Absonderungsformen ergeben ihren besonderen Reiz. An dieser Stelle herrscht oft eine kräftige Brandung. Dadurch erhielten die Gerölle ihre auffallend gute Rundung.*

▲ *Am Strand von Kuggören, Halbinsel Hornslandet. - Vor der historischen Kapelle setzt ein Fischer sein Stellnetz instand. Als diese Fischerkapelle vor über 200 Jahren erbaut wurde, schwappte an dieser Stelle noch Ostseewasser über die Strandgerölle. Seither hat sich hier die Küste um rund 1,5 Meter gehoben.*

► *Ufer der Arnövik, Halbinsel Hornslandet. Wie ein stiller Waldsee wirkt dieser südlichste Zipfel des schmalen Meeresarmes, an dessen steinigem Grund reichlich Blasentag wächst. Daran erkennt man sofort, dass es sich hier nicht um ein Binnengewässer handelt.*

◄ *Blick von der Halbinsel Hornslandet zum Festland. - Während an der etwa 80 Kilometer nördlich gelegenen Höga Kusten die Berge bis an die Küste reichen, sind sie hier nur in der Ferne zu erkennen. In diesem Gebiet bestimmt wieder die in Schweden weit verbreitete bewaldete „Felsflachlandküste" das Bild des Ufers an der Bottenwiek. Nur an wenigen Stellen ist ein solcher Fernblick wie hier möglich.*

DIE SCHWEDISCHE SCHÄRENKÜSTE

Landschaft zwischen Meer und Seen

Natürlich gibt es fast überall Schären vor den schwedischen Ostseeufern zwischen Karlskrona im Süden und Haparanda im Norden. Hier aber bilden sie einen besonders breiten Gürtel. Ein an der Außenküste lockeres, landeinwärts immer dichter werdendes Labyrinth unzähliger Inseln und Schären unterschiedlichster Form und Größe - so könnte man die Landschaft östlich Stockholms beschreiben. Die schwedische Schärenküste besitzt landschaftlich große Ähnlichkeit mit dem finnischen Schärenmeer und den Ålandinseln. Ein wesentlicher Unterschied: die schwedische Schärenküste ist in weiten Teilen wesentlich dichter besiedelt.

Der Blick auf die Landkarte lässt keine Grenze zwischen dem ausgedehnten Schärenmeer östlich und der großartigen Seenlandschaft des Mälaren westlich von Stockholm erkennen. Tatsächlich sind es schmale, unscheinbare Wasserläufe mit Schleusen, die im Zentrum der schwedischen Hauptstadt das Meer vom Binnensee trennen. Hier liegt die engste Stelle der Schärenlandschaft, die sich über hunderte Kilometer in den Binnengewässern der Mittelschwedischen Senke fortsetzt. Dieses flachste Areal Schwedens verläuft im weiten Bogen nach Südwesten, bis nach Bohuslän, zur schwedischen Westküste. Es besaß für die Entwicklung der Ostsee zeitweise entscheidende Bedeutung. Vor 9.000 bis 10.000 Jahren bildete die Mittelschwedische Senke ein ausgedehntes Schärenmeer, einen breiten Meeresarm - die Verbindung zwischen der Nordsee und dem Yoldia-Meer.
Durch fortschreitende Landhebung wurde diese Verbindung bereits vor 9.000 Jahren unterbrochen. Aber noch vor etwa 6.000 Jahren verlief hier die Küstenlinie des Litorinameeres bis zu 150 Kilometer weiter landeinwärts. Heute fährt man auf den Straßen südwestlich Stockholms durch weite seenreiche Landschaften, in denen unzählige einstige Schären („Binnenschären") als Klippen oder bewaldete Felshügel inmitten der Wiesen und Felder stehen. Deren Boden ist nichts anderes als trocken gelaufener Ostseegrund. Die vielen Seen - so auch der große Vännersee - sind letzte Reste der einstigen Meeresstraße.

Stockholms Schärengarten

Vom Oberdeck einer der riesigen Fähren, die direkt von Stockholms Stadtzentrum aus nach Helsinki und Mariehamn starten, überblickt man Teile dieser Millionenstadt auf Schären. Am Schiff vorüber gleiten kühle, moderne Wohnbauten, Industrieanlagen, anheimelnde Siedlungen, alte Fischerorte, feine Wassergrundstücke mit Schlösschen... Man ahnt die heutige komplizierte Infrastruktur dieser alten Kulturlandschaft, deren bevorzugte Wohngebiete natürlich an den schönsten Stellen des Schärengartens liegen. Die Verkehrsdichte auf den Gewässern entspricht an manchen Sommerwochenenden der auf Stockholms Straßen. 150.000 Boote sind im Großraum Stockholms registriert.
Langsam tastet sich das gewaltige Fährschiff weiter auf den schmalen Fjorden entlang. Die Aussicht auf die vielgestaltige, waldreiche Inselwelt ist überwältigend. Erst nach drei Stunden Fahrt lockert sich dieses Labyrinth, löst sich auf in einzelne, immer kleinere Schärengruppen. Weit draußen schauen schließlich nur noch winzige kahle, flache Felsrücken aus dem Meer.

Ausflüge in die Schärenwelt

Die Welt der Schären individuell zu erkunden, gestaltet sich in der Nähe von Stockholm schon wegen der dichten Bebauung zum schwierigen Unterfangen. Rund 27.000 Inseln soll es hier geben, über 6.000 davon sind größer als zwei Hektar. Es ist sicher eine Herausforderung, sich mit dem eigenen oder gemieteten Boot in dem rund 10.000 Quadratkilometer großen Schärengebiet um Stockholm zu orientieren - und überall einen passablen Liegeplatz zu finden. Der Tourist hat die schwere Wahl unter den vielen angebotenen Ausflugsfahrten, den „Schärenkreuzfahrten".

▶ *Schärengarten der Blå Kusten, südöstlich Norrköping (Luftbild). - Schären entstehen, wenn die Klippen des eiszeitlich geformten Felsgrundes durch die Landhebung langsam aus dem Meer auftauchen. Hier an der „Blauen Küste" bilden sie ein unüberschaubares Labyrinth tausender kleiner und kleinster Inseln.*

Wer mit dem kleinen Linienschiff vom nordöstlich des Zentrums gelegenen Vaxholm in Richtung Husarö startet, der bekommt einen ausgezeichneten Überblick über die Vielfalt des Schärengartens. Reine Erholung versprechen jene (auch bei Einheimischen) beliebten Ausflugsfahrten im nördlichen Teil des Schärengartens, die zu den Inseln Svartlöga und Rödlöga von Nybroviken führen. Wer eher Naturerlebnisse sucht, für den sind die „Turbåtar" von Dalarö zum weiträumigen Naturreservat von Bullerö und Långvik, das etwa 900 Schären umfasst, sicher richtig. Huvudskär mit seinen ausgedehnten Rundhöckern und dem markanten Leuchtturm bildet eines der attraktivsten Schärenensembles. Auch für diese beeindruckenden Schärenfahrten ist der Ausgangspunkt Dalarö, dessen kleiner Hafen ohne lange Umwege von der Straße Stockholm-Nynäshamn erreichbar ist. Von Nynäshamn fährt ein fahrplanmäßiges Boot weit nach Süden zur Insel Öja mit ihrer malerischen Siedlung Landsort.

Schärenküste, Schärengärten und Schärenmeer sind ein immer wiederkehrendes Thema in unzähligen Variationen. Erwartet man bei jeder Schärenfahrt neue, andere Eindrücke, so sollte man diese im Detail suchen: in den abwechslungsreichen Formen der Ufer und Klippen, in der Vielfalt der Pflanzen- und Seevogelwelt, in der malerischen, mit der Natur harmonierenden Bebauung oder in der Qualität des frisch geräucherten Fisches in den winzigen Fischerhäfen. Und wer den sommerlichen Massenbetrieb scheut, der fahre möglichst nach der allgemeinen schwedischen Urlaubszeit, die jedes Jahr am ersten Augustwochenende endet.

Blå Kusten

Wie die Blaue Küste, das südlichste Areal der Schärenküste, zu ihrem Namen kam, ist schwer zu erklären. Die besonders feingliedrige, etwas abseits der Ballungszentren gelegene, weniger dicht besiedelte Schärenwelt vor der Küste südlich von Nyköping / Öxlesund hat besondere Reize. Augenfällig ist die große Zahl der Schären, die stellenweise auf kleinstem Raum liegen. Hier gibt es heute zwar Tausende von Ferienhäusern, aber nur noch zwei oder drei dauerhaft bewohnte Siedlungen. Dazu zählt das traditionsreiche Schärendorf Harstena, das mit dem „Kustlinjen"-Tourboot oder mit einem „Schärenkreuzer" von Tyrislöt erreichbar ist. Hier erhält man Einblicke in das frühere Leben in den vielen Schärensiedlungen, die oft einen Mikrokosmos bildeten, der sich weitgehend selbst versorgte - vor Kriegshandlungen, Seuchen, Steuereintreibern, Räubern und Hungersnöten weitgehend verschont.

◄ *Im Schärengebiet der Blå Kusten, einem der schönsten Schärengebiete an der Ostsee.*

Charakteristisch an der Blauen Küste sind die tief ins hügelige bis bergige Festland eingreifenden Fjorde wie Bråviken, Slätbaken, Valdemarsviken und Gamlebyviken. Im innersten Teil des Slätbaken bei Söderköping beginnt der legendäre Götakanal, der heute die einstige Meeresverbindung nachvollzieht. Die südlichste größere Schärengruppe bildet „Misterhults naturreservat".

◄ *Fähren vor Stockholm. - Die Fahrt auf einer der riesigen Fähren, die Stockholm mit Helsinki und Mariehamn verbinden, bildet ein Erlebnis besonderer Art: Fast vier Stunden gleiten die großen Schiffe, streckenweise auf engstem Fahrwasser, durch das weitläufige Schärengebiet, bevor sie endlich das freie Meer erreichen.*

▼ *Wochenendverkehr im Schärengebiet von Stockholm. - Über 150.000 Sportboote sollen im Stadtgebiet von Stockholm registriert sein. Die Vororte der schwedische Hauptstadt erstrecken sich nach Osten hin weit hinein in die innig vom Wasser durchdrungene Landschaft.*

▼ *Abendlicht über den Außenschären nordöstlich von Stockholm. - In den hellen Sommernächten liegt oft ein unvergleichlicher Zauber über den nördlichen Küsten der Ostsee.*

▲ *Blick zur Schärensiedlung Harstena, Blå Kusten (Luftbild). - Einst gab es zahlreiche dieser Schärensiedlungen, die in vergangenen Jahrhunderten oft einen Mikrokosmos bildeten. Ihre Bewohner versorgten sich zum großen Teil selbst: durch Landwirtschaft, Fischfang, Robben- und Vogeljagd. Die Nachteile ihrer Abgeschiedenheit wurden meist ausgeglichen durch die Vorteile einer schlechten Erreichbarkeit. So blieben sie vielfach vor Kriegshandlungen, Seuchen, Steuereintreibern, Räubern oder Hungersnöten verschont.*

◄ *Schärensiedlung Harstena, Blå Kusten. - Das komplett unter Denkmalschutz stehene Dorf ist eine der wenigen, heute noch dauerhaft bewohnten Schärensiedlungen - und ein beliebtes Ausflugziel für „Schärenkreuzfahrten". Solche Halbtags- oder Tagestouren gehören an vielen Stellen zum Angebot für Sommertouristen.*

► *Im Schärengarten der Blå Kusten. - An windstillen, warmen Spätsommertagen entfaltet diese Landschaft, deren Vielfalt im Detail liegt, einen besonderen Reiz.*

DIE KÜSTE VON SMÅLAND UND BLEKINGE

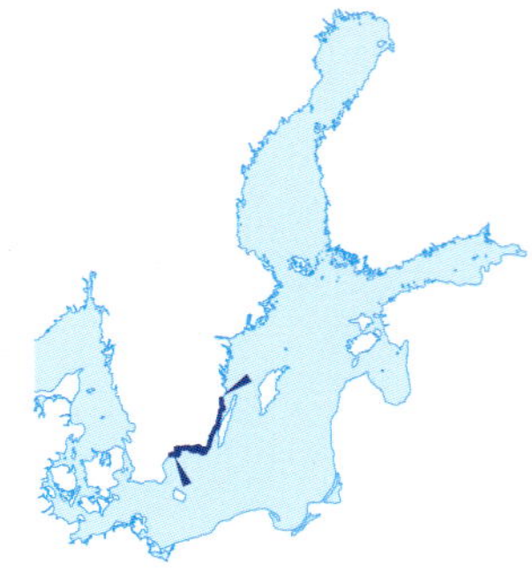

Landschaftskontraste zwischen Ost und Süd

Südlich der überaus reich gegliederten schwedischen Schärenküste erstreckt sich längs des Kalmarsundes eine wesentlich einfacher strukturierte, fast geradlinig verlaufende Küste, die nur vergleichsweise wenige Inseln und Buchten aufweist. Auf Höhe Karlskrona biegt die vorher Nord-Süd verlaufende Küstenlinie unvermittelt rechtwinklig ab, verläuft strikt nach Westen - und besitzt wieder einen Schärenhof.

An der småländischen Küste treffen zwei große geologische Einheiten aufeinander: Längs des festländischen Ufers am Kalmarsund bedeckt ein schmaler Streifen von uraltem Sandstein der Osteuropäischen Tafel den Gneis des Baltischen Schildes. Verlauf und Form des Kalmarsundes hängen eng mit diesen Gesteinen zusammen. Wer solche Zusammenhänge kennt, dem wird gerade hier die Abhängigkeit der Landschaftsformen von den anstehenden Gesteinen deutlich.

Der Kalmarsund
Der rund 150 Kilometer lange, auffallend schmale Kalmarsund könnte seiner Form nach ein vom Eis ausgeschürfter Fjord sein. Er erhielt aber schon lange vor der Eiszeit seine ungewöhnliche Form. Über viele Millionen Jahre schürfte der „Baltische Fluss" ein Tal aus. Er floss damals längs der heutigen Smålandküste nach Süden und schob dabei seinen linken Talhang langsam nach Osten. Dort traf er auf harten Kalkstein, an dem sich eine markante Steilstufe herausbildete, die man als Baltischen Glint bezeichnet und die man auch an anderen Stellen findet. Der Glint bildet heute an der Westküste Ölands die Steilhänge und Kliffs. Das markante Flusstal, den heutigen Kalmarsund, und den Glint konnte das Inlandeis nicht auslöschen, sondern nur „überarbeiten". Somit zählen sie zu den wenigen eindeutigen Resten des voreiszeitlichen Landschaftsreliefs, entstanden in einer viele Millionen Jahre dauernden Festlandszeit im heutigen Ostseeraum.

An der stillen, waldreichen Festlandsküste nördlich und südlich der Stadt Kalmar, von der aus die Ölandsbrücke den Kalmarsund überspannt, gibt es einige Gruppen kleiner Inseln. Anziehend sind die kleinen, ruhigen Sandstrände, von denen sich hier und da eine schöne Aussicht hinüber nach Öland öffnet. Im nördlichen Teil hat man dabei immer auch die „Blaue Jungfrau" im Blick.

Blå Jungfrun
Die weit aus dem Kalmarsund ragende Nationalparkinsel Blå Jungfrun fesselt tatsächlich die Aufmerksamkeit vieler Touristen. Von nahen gesehen besteht sie ganz und gar aus intensiv rot gefärbtem, vom Inlandeis glatt geschliffenen Granit. Das nur 66 Hektar große Eiland ist 86 Meter hoch - viel höher als die tischebenen Landschaften beiderseits des Kalmarsundes. Schon lange vor der Eiszeit überragte dieser Granitberg als „Härtling" das damalige Flusstal. Steile Klippen säumen heute die Insel, ihr Inneres ist mit Wald bedeckt. Im Norden liegen ausgedehnte Flächen völlig kahler, glattgeschliffener Granitbuckel. In den Klippen brüten zahlreiche Gryllteisten, lummenartige Seevögel. Die unbewohnte Insel erreicht man im Sommer mit einem kleinen Ausflugsschiff von Oskarshamn aus. Wer hinaufsteigt zum „Toppen", der kann eine phantastische Aussicht auf die Küsten von Öland und Småland genießen.

Der „Garten Schwedens"
In Blekinge, der kleinsten Provinz Schwedens, die sich gern den Beinamen „Garten Schwedens" gibt, konzentriert sich vieles auf den Süden - auf einen nur wenige Kilometer breiten, intensiv genutzten Küstenstreifen. Hier, im Schärengarten von Blekinge, liegen auch die meisten Erholungsgebiete. Es sind zwar nicht Tausende von Schären, die westlich und östlich von Blekinges Metropole Karlskrona die Küste säumen. Aber die 90 Inselchen an der Südostspitze Schwedens lohnen durchaus einen Ausflug. Dieser Schärengarten mit seinen ausgedehnten Klippen und den wunderschönen, blumenreichen Strandwiesen ist auch ein beliebtes Angel-

▶ *Blick auf Sölvesburg, Blekinge. - Die kleine Stadt im äußersten Westen Blekinges besticht durch ihre landschaftlich schöne Lage: Vom Norden reicht der bewaldete Höhenzug Ryssberget an den Ort heran, von Süden her eine Bucht der Ostsee.*

und Segelrevier. Die Inseln Hästholmen, Inlängan und Utlängan erreicht man am besten mit dem Ausflugsschiff von Karlskrona aus. Wen es noch weiter hinauszieht, der findet auf der zehn Kilometer davon entfernten, einsam im Meer gelegenen Utklippan zwei winzige Inseln mit Leuchtturm und Sportboothafen.
Die „Miniatur-Schärengärten" zwischen den Küstenstädten Ronneby und Karlshamn mit ihren Felsrücken zwischen Geröll- und Sandstränden, den dichten Laub-

▲ ◄ *Insel Blå Jungfrun. - Mitten im Kalmarsund liegt diese aus roten Granitklippen bestehende Nationalparkinsel. Das nur 66 Hektar große Eiland ist 86 Meter hoch und damit viel höher als die tischebenen Landschaften an beiden Ufern des Kalmarsunds - Öland und Småland. Steile Klippen säumen diese völlig isoliert liegende, „besondere" Insel. Ihr Inneres ist waldbedeckt, im Norden gibt es weite Flächen völlig kahler, vom Eis geschliffener Granitbuckel.*

► *Karlskrona, Blick zum Stadtzentrum. - Große Teile der Provinzhauptstadt von Blekinge sind auf Schären gegründet.*

hainen und ausgedehnten Röhrichtgürteln kann man - mit Blick auf die viel weiter nördlich gelegenen - als wahrhaft lieblich bezeichnen. Das Naturreservat der Insel Tjärnö, mit weiter Aussicht vom Drakberget auf halb Blekinge, bietet nicht nur einen großen Gästehafen, sondern auch viel Freiraum für Besucher. Denn hier gibt es ausnahmsweise keine privaten Ferienhäuser, dafür aber viele Möglichkeiten zum Wandern.

Listerland

Im westlichsten Teil der Blekinge-Küste trifft man unerwartet auf völlig flaches, fruchtbares Ackerland mit Gemüsekulturen und Erdbeerfeldern auf gehobenem Ostseegrund. Den malerischen Hintergrund bildet der mit Laubwald bedeckte, langgezogene Bergrücken Ryssberget, der beim landschaftlich schön gelegenen Städtchen Sölvesborg die Ostsee erreicht. Nach Süden hin erstreckt sich die Halbinsel Listerland, ein durch die

▲ *Blick zum Leuchtturm der Insel Hanö. - Das östlich der Halbinsel Listerland gelegene, sechs Quadratkilometer große Eiland trägt auf seiner 60 Meter hohen Felskuppe eines der stärksten Seefeuer im Ostseeraum.*

▶ *Aussicht vom Listershuvud, Halbinsel Listerland. - Der Blick über die Pukaviks-Bucht reicht hier zum Festland bei Karlshamn, zur flachen Küste im Westen Blekinges. Wie an manch anderer Stelle der schwedischen Küste dominieren hier einzelne große Industrieanlagen - vielfach Holzverarbeitungsbetriebe - das Küstenbild.*

Hebung mit dem Festland verwachsener Inselkern. Listerland bietet einige schöne Badestrände und gilt daher als beliebtes Urlaubsgebiet - besonders für Einheimische, die es im Sommer aus den dichten Wäldern Blekinges und Smålands an die Küste zieht.
Zum Listershuvud, dem hohen, bewaldeten Felsmassiv an der östlichsten Spitze der Halbinsel, führen einige schöne Wanderwege. An den Hängen dieses Naturreservates stößt man auf zahlreiche fossile Strandwälle, die auch hier die Landhebung dokumentieren. Das über 80 Meter hohe Gipfelareal bilden freie Klippen- und Rasenflächen, von denen die Sicht über weite Teile der Küste von Blekinge und zur Insel Hanö reicht.
Hanö, die Insel mit dem stärksten Leuchtfeuer der Ostsee, ist ein in Schweden sehr populäres Ausflugsziel. Man erreicht sie - im Sommer nur mit etwas Glück oder Vorbestellung - mit dem Tourboot vom Fischereihafen Nogersund. Bei einer Wanderung über das klippenreiche hohe Eiland sollte man die berühmte Geröllzunge von Bönsäcken ganz im Norden nicht auslassen, deren kleine, glattgeschliffene Gerölle vom Wasser beständig umgelagert werden.

BORNHOLM

Insel der kontrastreichsten Ostseeufer

Auf einer Entdeckungsreise längs der abwechslungsreichen Küste Bornholms trifft man auf sehr unterschiedliche Uferformen und Gesteine. Ja, man hat den Eindruck, eine „Zusammenfassung" aller Küsten der Ostsee zu erleben. Sandstrände und Granitsteilufer, Felsenkliffs und Dünenheide, Mergel und Kreide, Tonschiefer und Sandstein... Manche Uferwanderung erscheint dem Eingeweihten wie ein Gang durch die Erdgeschichte. Und dazu braucht man keinesfalls weite Wege zurückzulegen, denn Bornholms Küste ist insgesamt nur 158 Kilometer lang.

Nur wenige der Küstenwanderer wissen, dass hier an Bornholms Küste die drei großen geologischen Einheiten des Ostseeraumes hart aufeinander treffen: die kristallinen Gesteine des Baltischen Schildes, die alten Sedimentgesteine der Osteuropäischen Tafel und die jüngeren Sedimentgesteine der Mitteleuropäischen Senke. Bornholm liegt im Bereich jener gewaltigen Bruchzone in der Erdkruste, die auch Schonen quert. Erdinnere Kräfte haben die Insel an Verwerfungen empor gedrückt und dabei sehr unterschiedlich alte Gesteine auf gleiches Niveau gebracht. Die Insel gilt heute - geologisch wie landschaftlich - als Bindeglied zwischen dem nördlichen Mitteleuropa und Südskandinavien. Wer zu einer Küstenwanderung mit geologischen Kenntnissen ausgerüstet starten möchte, der kann sie vorher bei einem Besuch im naturkundlichen Erlebniszentrum „NaturBornholm" in Åkirkeby mühelos erwerben.

Südküste

Beginnt man seine Uferwanderung an der Südküste bei Arnager unweit von Rönne, so trifft man zuerst auf die jüngsten Ablagerungsgesteine - so auf einen rund 80 Millionen Jahre alten, weißlichen Kreidekalk, der hier ein markantes Kliff bildet. Je weiter die Wanderung nach Südosten in Richtung Dueodde führt, desto älter werden die Gesteine, die stellenweise an Kliff und Strand zu Tage treten. In der Sosebucht sind es rund 180 Millionen Jahre alte, auffallend weißliche Sandschichten aus dem Jura, in denen sogar Kohle eingelagert ist. Etwas weiter gibt es rote und grüne Tone aus der Trias. Härtere Gesteine aus den Steilufern finden sich auch als Strandgerölle. So durchsetzen auf Höhe Sømarken massenweise kleine schwarze Gesteinsplatten den Strandsand - etwa 420 Millionen Jahre alter Tonschiefer, der aus einem nahen Bacheinschnitt stammt. Weiter nach Südosten hin liegen alle festen Gesteine unter dem Küstensand. Die Sommerodde mit ihrem weißen Strandsand und dem Kiefernwald am niedrigen Dünenkliff vermittelt einigen Urlaubern bei schönem Wetter einen Hauch von Südsee.

Dueodde

Die südöstliche Ecke der Insel erfreut sich bei den „Sonnenanbetern" größter Popularität. Die Bornholmer behaupten, hier an der Dueodde den feinsten und weißesten Sand aller Ostseestrände zu besitzen. Und sie haben recht! Denn das ausgedehnte Strand- und Dünenareal besteht zum großen Teil aus jenem Sand, der aus den rund 180 Millionen Jahre alten feinsandigen Ablagerungen an den Steilufern weiter nord-westlich ausgewaschen wurde. Da auch Bornholms Küste langsam gehoben wird, wächst die Dueodde immer weiter, bilden sich beständig neue Dünen. Der Blick vom modernen Beton-Leuchtturm reicht über Strand, Dünen und den ausgedehnten Kiefernwald, in dem sich Hunderte Ferienhäuser verstecken - die größte Konzentration von Sommerhäusern auf Bornholm. Weiter in Richtung Nexö wird der Strand bald wieder schmal. Hier ragen an einigen Stellen massive Gesteinsbänke aus dem Wasser - die ältesten Sedimentgesteine der Insel. Nördlich von Nexö ändert sich der Charakter der Küste abrupt. Hier trifft man auf die uralten kristallinen Gesteine des Baltischen Schildes.

▶ *Geröllstrand bei Arnager, Südküste. - Eine Quelle am Fuße des Steilufers, die Vældekilde, schickt ihr stark eisenhaltiges Wasser über den Strand ins Meer. Dabei entsteht Eisenoxid, „Rost", der dem Ufergeröll einen farbintensiven Anstrich verleiht.*

Nordküste

Mit ihren ausgedehnten Felsformationen und den bizarren Klippen aus Gneis und Granit, entstanden vor etwa 1,5 Milliarden Jahren, besitzen die Ufer in Bornholms Norden einen völlig anderen Charakter als die im Süden. Diese klippenreiche Nordküste galt früher als besonders gefährlich für die Schifffahrt. Hier kam es häufig zu Strandungen. Die Unglücksstellen waren jedoch meist schlecht erreichbar. Um den schiffbrüchigen Seeleuten schneller zu helfen - und um die wertvolle Ladung leichter bergen zu können, legten die Bornholmer einen schmalen Pfad an. Dieser Rettungsstieg, heute ein wunderschöner Wanderweg, führt auf langer Strecke längs der Nordküste durch den abwechslungsreichen Uferwald. Zahlreiche Vogelkirschbäume verwandeln ihn im Mai stellenweise in ein Blütenmeer. Frühblüher wie Leberblümchen, Anemonen, Schlüsselblumen und Lerchensporn überziehen in dieser Zeit den Waldboden. Naturfreunde entdecken dann auch auf den kleinen Strandwiesen zwischen den Klippen so manche botanische Kostbarkeit.

Helligdomsklippen

Kleine Fischerdörfer - heute beliebte Urlaubsorte - fügen sich malerisch in die felsige Nordküste ein und tragen bei zu jener angenehmen Atmosphäre, welche die Freunde der Insel so schätzen. Das Städtchen Gudhjem schmiegt sich besonders idyllisch an den Uferhang und gilt mit Recht als einer der am schönsten gelegenen Küstenorte am Baltischen Meer. Eine andere interessante Sehenswürdigkeit liegt nur wenige Kilometer westlich von Gudhjem: die Helligdomsklippen, die zu den markantesten Felsgebilden aus kristallinem Gestein an der Ostsee zählen. Wie die meisten Klippen an der Nordküste Bornholms bestehen sie aus uraltem Gneis, der hier durch erdinnere Kräfte seine besondere Klüftung, ein System feinster Risse, erhielt. Dadurch entstanden die auffallend kantigen Formen dieser beeindruckenden Uferfelsen.

Hammer-Halbinsel

Die großartigste Küstenlandschaft der Insel liegt mit ihren hohen Felsenkliffs im äußersten Nordwesten. Am Hammerknuden, einem über 80 Meter hohen, von den eiszeitlichen Gletschern rund geschliffenen Granithügel, stürzen die Uferwände bis zu 30 Meter senkrecht in die Tiefe. Auch südlich von Vang, bei Jons Kapel, gibt es ein solches Kliff. Diese Steilufer, an denen die Brandung bei Westwind das Wasser haushoch aufspritzen läßt, gehören zu den höchsten Granitkliffs im gesamten Ostseeraum. Gekrönt wird die beeindruckende Szenerie von einer markanten Burgruine, von Hammershus Ruin. Der Hochufer-Wanderweg am Hammeren, vorbei

▲ *Sandkliff an der Sose-Bucht. - Der besonders feine, weiße Sand am Steilufer enthält etwas Kohle, ist in Binnengewässern abgelagert worden und ungefähr 180 Millionen Jahre alt - ein Gestein der Mitteleuropäischen Senke. Schon seit über 5.000 Jahren trägt das Meer diesen Sand ab. Heute bildet er überall an der Südküste Bornholms die schönen, weißen Strände.*

◄ *Ufer an der Sommerodde. - Eine breite Sandaufschüttung mit vielen Dünen, bewachsen mit Kiefernwald, säumt die Ufer im Südosten Bornholms. An diesem Ufer nagt heute das Meer an den Sandmassen, die es früher selbst aufgeschüttet hat. Der abgetragene Sand wird weiter in Richtung Dueodde verfrachtet.*

▼ *Strand an der Dueodde. - Hier soll es, nach Meinung vieler Bornholmer, den weißesten und breitesten Sandstrand an der Ostsee geben. Sie haben offensichtlich recht.*

am Hammershus und weiter durch die „Schlossheide“ nach Süden bis hin nach Tegelkås gilt bei Kennern als der schönste Wanderweg ganz Dänemarks.

Erbseninseln

Etwa 20 Kilometer nördlich von Bornholm liegen die südlichsten aller Ostseeschären - Erteholmene, die „Erbseninseln“. Sie bestehen aus den kargen felsigen Inselchen Christiansø, Frederiksø und Græsholm sowie einer Anzahl winziger Klippen. Die im 17. Jahrhundert zur Festung umgestaltete Inselgruppe ist heute das Ziel zahlreicher Sommertouristen, die von Allinge, Gudhjem oder Svaneke mit Ausflugsschiffen kommen oder mit dem eigenen Boot im geschützten Hafen anlegen. Christiansø und Frederiksø, durch eine Fußgängerbrücke miteinander verbunden, bilden zusammen ein Freilichtmuseum völlig ungewöhnlicher Art. Die nahe Insel Græsholm ist dagegen strenges Naturreservat. So wie auf den winzigen Inselchen und Klippen ringsum brüten auf ihr ungestört die Seevögel, darunter besonders viele Eiderenten.

► *Uferklippen vor Svaneke. - Das freundliche Städtchen im äußersten Nordosten der Insel ist fest auf Granit erbaut. Vor dem Leuchtturm des Ortes bildet der Granit diese mit Flechten bewachsenen Klippen, wie man sie in ähnlicher Form - auch aus Gneis - an zahlreichen anderen Stellen der Nordküste Bornholms findet.*

▼ *Hafen von Svaneke. - Von hier aus fahren das ganze Jahr über das Postboot zu den Erbseninseln und die Kutter zum Heringsfang hinaus auf die Ostsee. Gewaltige Mauern schließen das Hafenbecken ein, das an seiner Einfahrt sogar mit einen Balkentor abgesperrt werden kann. Wer in Svaneke einmal einen schweren Nordost erlebt hat, der weiß, wie wichtig diese Vorsorge ist.*

▲ *Schwere See vor Allinge-Sandvig. - Mehr als tausend Kilometer „Windwirklänge" hat die freie Ostsee nordöstlich von Bornholm. Bei Sturm aus Nordost toben haushohe Wellen und gewaltige Brecher gegen die Ufer. Man meint, irgendwo an einer Felsenküste am Atlantik zu sein.*

◀ *Gudhjem an der Nordküste. - Der traditionsreiche Fischerort schmiegt sich malerisch an den steilen Uferhang. In seinen Fischräuchereien erfolgt die Verwandlung vom Ostseehering zum „Bornholmer" - einer wohlschmeckenden Spezialität, die mit dem deutschen „Bückling" wenig gemein hat.*

▲ *Auf den Erbseninseln: Blick von Christiansø nach Federiksø. - Die südlichsten aller Ostseeschären wurden früher befestigt und mit „Kanonentürmen“ versehen. Geschossen hat man hier kaum, denn feindliche Schiffe hielten meist gebührenden Abstand. Dafür fanden Seevögel einen idealen Brutplatz. Vor allen Dingen sind es Eiderenten, die auf den kleinen Inselchen ringsum brüten, bevor sie später mit ihren Gösseln hinüberschwimmen zur Nordküste Bornholms.*

▲ *Die Helligdomsklippen westlich Gudhjem. - An keiner anderen Stelle der Ostsee bilden kristalline Gesteine solche markanten Klippen wie hier an Bornholms felsiger Nordküste.*

◄ *Blick zur Burgruine Hammershus und zur Hammer-Halbinsel (hinten links), Nordwestspitze Bornholms. - Eine der großartigsten Szenerien an den Küsten der Ostsee bietet sich dem Wanderer vom Fußpfad durch die Schlossheide, dem „schönsten Wanderweg im Königreich" der Dänen.*

▼ *Granitsteilufer bei Jons Kapell, südlich Vang an der Westküste. - Bis über den Rand des hier etwa 20 Meter hohen Steilufers kann das Wasser bei Stürmen aus westlichen Richtungen empor schlagen.*

AUF HERING UND HECHT

Der kleine Fischereihafen, direkt an der Flussmündung oder in einer kleinen Bucht gelegen, zieht die Sommerurlauber an. Hier kann man die Fischer beim Anlanden des Fanges beobachten, den „küstentypischen" Geruch nach Fisch, Algen und Teer schnuppern und frisch geräucherte Flundern oder Heringe aus der Hand essen. Die Fischerei prägt mit ihren Häfen, Booten, Fischkistenstapeln, Reusenplätzen, Räuchereien und Netzschuppen noch heute mancherorts das Bild der Küstenlandschaft.

Die Ostsee gilt als eins der produktivsten Meere der Welt. Ihr Wasser ist besonders nährstoffreich. Das ist auch der Grund für einen besonders hohen Fischbestand. Die hier gefangenen Fische zeigen deutlich, dass die Ostsee ein Brackwassermeer ist.

Sowohl Meeresfische wie Hering, Dorsch, Lachs, Meerforelle und Flunder, als auch Süßwasserfische wie Hecht, Zander und Barsch gehen den Ostseefischern in die Netze. Im salzreicheren Wasser der Beltsee beherrschen die Meeresfische das Bild, im salzärmeren der nordöstlichen Ostsee die Süßwasserfische. Heringe bilden seit jeher die Hauptmenge des Fanges. Sie kommen in der gesamten Ostsee vor. Im nordöstlichen Teil sind sie etwas kleiner und heißen dort Strömlinge. Auch Flundern fängt man überall, sogar in den fast ausgesüßten Arealen des Bottnischen und Finnischen Meerbusens. Und natürlich gibt es überall Aale - leider immer weniger.

Die reichen Fischbestände waren seit jeher Lebensgrundlage für viele Küstenbewohner. So gab es früher wohl kaum einen Küstenabschnitt, an dem nicht auch Fischerei betrieben wurde. Vielfach bildete sie aber keinen Haupterwerb der Küstenbewohner, von denen viele „Fischerbauern" waren. Denn Fangsaison, Feldbestellung und Ernte ließen sich gut miteinander verbinden.

Die traditionellen Methoden des Fischfanges in der Ostsee kommen ebenso aus der Meeresfischerei, wie aus der Binnenfischerei. Vor der Außenküste fischte man früher hauptsächlich mit Zugnetzen, in heutiger Zeit überwiegend mit Schleppnetzen und weitmaschigen Stellnetzen. In den ruhigen Gewässern der Bodden, Haffs oder Schärengärten kommen noch immer Fanggeräte aus der Binnenfischerei wie Kammerreusen, Bügelreusen und feinere Stellnetze zum Einsatz.

◄ *Fangfrische Heringe.*

▼ *Fischer auf dem Bodden beim Einholen der Herings-Stellnetze.*

▼ *Historische Fischersiedlung Ulvöhamn an der schwedischen Höga Kusten.*

Als Fangfahrzeuge bestimmen heute kleinere Kutter das Bild an den Fischerstegen und Hafenmolen. Manchmal sind sie allerdings kaum noch zu entdecken zwischen den zahlreichen Sportbooten. Denn immer größer wird die Zahl derer, für die Urlaub oder Wochenende an der Ostseeküste gleichbedeutend ist mit Wassersport - besonders auch mit Angeln. Meerforelle, Lachs, Dorsch, Hecht und Aal gelten in der Ostsee als die beliebtesten „Sportfische".

Inzwischen sind viele der Fischerboote und Fischereigeräte nur noch in den kleinen Museumshäfen und Fischereimuseen längs der Küsten zu sehen - hinterlassen von jenen Küstenbewohnern, die mit dem Meer besonders eng vertraut waren. Denn in letzter Zeit sind nicht nur die Fischbestände stark zurückgegangen, auch die Zahl der Berufsfischer hat sehr abgenommen.

▲ *Traditionelle Räucheröfen auf Bornholm.*

◄ *Fischer am Strand beim „Puken" (Herauslösen) von Heringen aus den Stellnetzen.*

◄ *So wurde früher mit dem Zeesboot auf den vorpommerschen Küstengewässern gefischt.*

▼ *Fischer auf dem Reusenplatz.*

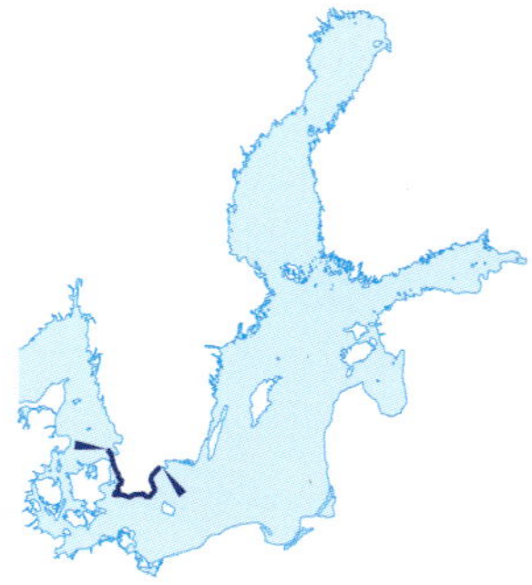

DIE HALBINSEL SCHONEN

Schwedens andere Ostseeküste

Die abwechslungsreichen Küsten der großen Halbinsel Schonen passen so gar nicht in das Bild der schwedischen Ostseeufer. Nur selten trifft man auf die für Schweden charakteristischen Felsküsten aus kristallinen Gesteinen. Auf langen Strecken ähnelt die schonensche Küste eher der in Dänemark - so wie die Halbinsel Schonen und deren Bewohner in Schweden als „nicht typisch schwedisch" gelten. Tatsächlich ist Schonen der geologische Übergang vom nördlichen Mitteleuropa zum skandinavischen Subkontinent. Wie auf Bornholm bestimmen hier gewaltige Tiefenbrüche in der oberen Erdkruste die ungewöhnliche Lagerung der Gesteine, die sich in der vielfältigen Küstenlandschaft widerspiegelt.

Der auffallendste Landschaftswechsel zwischen Blekinge und Schonen vollzieht sich an der Küste. Die felsigen Ufer aus kristallinen Gesteinen treten zurück und machen Platz für eine Vielzahl anderer Gesteine und Küstenformen. Die ausgedehnten Wälder an den Küsten schrumpfen auf einen schmalen Ufersaum zusammen. Der überwiegende Teil der Küste Schonens besteht aus flachem Land. Schmale Strände liegen vor den Strandwällen der Küstenebenen oder vor den niedrigen, meist inaktiven Steilufern. Die Küste wartet aber auch auf mit ungewöhnlichen, hier nicht vermuteten Superlativen: Auf Schonen gibt es die breitesten Sandstrände und die markantesten Brandungsklippen der gesamten Ostsee.

Strände an der Hanöbucht

Im Norden der Hanöbucht, zwischen den Küstenorten Åhus und Kivik erstreckt sich im leichten Bogen der längste Sandstrand an Schwedens Küste. Kein Strandwanderer bemerkt, dass hier im Untergrund, direkt unter dem Strand, auch das Meer der Kreidezeit sandige Ablagerungen hinterlassen hat, als es ganz in der Nähe gegen die Uferklippen brandete. Im Süden bei Haväng fallen jene dunklen Verfärbungen im Strandsand besonders auf, die auch an manchen anderen Ostseestränden zu beobachten sind. Dieser dunkle Sand besteht nicht aus Quarz-, sondern aus Schwermineralkörnern: Granat, Magnetit, Titanit, Epidot und Hornblende.

Zwischen Haväng und Kivik kann man vor dem fossilen Kliff ein ausgedehntes Areal gehobener Strandwälle mit Magerrasen durchwandern, auf denen im Frühling zahlreiche Wiesenkuhschellen blühen. Vom etwas landeinwärts gelegenen Kirchberg von Ravlunda überblickt man eine Küstenlandschaft mit besonders hügelreichen Endmoränen und in der Ferne die Hanöbucht.

Stenshuvud

Der direkt aus dem Meer aufragende, knapp hundert Meter hohe Stenshuvud („Steinhaufen") besteht aus rötlichem Porphyrit, einem hartem kristallinen Gestein. Dieser Hügel bildet eine uralte Landmarke für die Schifffahrt. Seine herausragende Position verdankt er erdinneren Kräften, die ihn an Verwerfungen empor drückten. Der mit dichtem Laubwald bestandene, klippenreiche Berg besitzt eine interessante Tier- und Pflanzenwelt und ist heute ein winziger Nationalpark. Wanderwege führen hinauf zum Gipfel, der eine weite Rundsicht bietet - bis zu den Inseln Hanö im Norden und nach Bornholm im Süden. Im Besucherzentrum, dem „Stenshuvud Naturum" am Fuße des Berges, erfährt der Gast viel Interessantes zu Natur und Landschaft sowie zu deren intensiven Nutzung in vergangenen Jahrhunderten. Als diese Nutzung unterblieb, „verbuschte" die Küstenlandschaft - sie wuchs zu. Hauptsächlich Schlehdorn, Weißdorn und Wacholder, durchsetzt mit Holunder, Heckenrose und Brombeere bilden heute flächenhaft ein undurchdringliches Strauchdickicht. Dieses Phänomen, das besonders viele ufernahe Areale im Österlen und auf Bornholm zeigen, kann man auch in anderen einstigen Weidelandschaften un-

▶ *Badehäuschen an der Kämpinge-Bucht bei Falsterbo. - Im Süden der Halbinsel Schonen sieht die Küste anders aus als im übrigen Schweden. Sie ähnelt mehr der nahe gelegenen dänischen Insel Seeland.*

SIN 40
BASKEMOLLA
STRIPPAN

▲ *In Stenshuvud Nationalpark. - Hartes kristallines Gestein des Baltischen Schildes bildet den „Härtling" des Stenshuvud, der die markante Landmarke an der Küste des Österlen bildet. Von seiner Kuppe aus hat man eine fantastische Aussicht.*

◄ *Blick von Baskemölla zum Stenshuvud. - An der Ostküste Schonens, im Österlen, gibt es zahlreiche Uferklippen und mit Laubwald bestandene Hänge. Vieles erinnert hier an die in Sichtweite liegende Nordküste Bornholms.*

mittelbar an der Ostseeküste beobachten. An manchen Stellen versucht man heute mit großem Aufwand, diese Dickichte zu roden oder zu lichten.

Österlen

An der stillen, landschaftlich schönen Ostküste der Halbinsel Schonen - dem Österlen - findet der Tourist zahlreiche idyllische Uferabschnitte mit kleinen Sandstränden, schönen Uferwiesen und Geröllfeldern. Die sich malerisch an den Uferhang schmiegenden Fischerdörfer Kivik, Vik, Baskemölla und Brantevik sind teilweise auf Klippen aus rund 570 Millionen Jahre alten Quarzit gebaut. Der äußerst harte Sandstein ist eine Meeresablagerung, in der sich zahlreiche Lebensspuren finden. Hin und wieder bildet er markante Uferklippen, in die südlich von Simrishamn die großartigsten bronzezeitlichen Felszeichnungen rund um die Ostseeküste eingehauen sind. Nördlich von Simrishamn wurden früher sogar Mühlsteine aus den Uferklippen herausgeschlagen.
Aus diesem Quarzit entstand auch der Sand für den breiten Strand der Tobisviken unmittelbar nördlich Simrishamn. Dieser für die Ostseeküste recht ungewöhnliche Strand besteht aus grobem, intensiv rötlichen Sand, in den die Füße des Strandgängers besonders tief einsinken. Anders als bei „normalem" Sand sind hier die

einzelnen Körner nicht gut gerundet, sondern eckig und scharfkantig. Aus diesem Grund ist der Strandsand nur locker „gepackt" - deshalb die tiefen Fußstapfen.

▲ *Sandhammaren - die Südostecke Schonens. - Dieser Strand wetteifert mit dem der Dueodde auf Bornholm um die größte Breite an der Ostsee. Dabei gibt es bemerkenswerte Unterschiede in Farbe und Körnung des Sandes, der hier etwas dunkler und gröber ist als an Bornholms Südspitze.*

Der breiteste Ostseestrand

Im äußersten Südosten von Schonen beschreibt die Küstenlinie einen eleganten Bogen, gebildet von einem über zehn Kilometer langen, bemerkenswert breiten Sandstrand. Am Sandhammaren gibt es den breitesten aller Ostseestrände! Mehr als 100 Meter liegen hier bei normalem Wasserstand zwischen Uferlinie und Dünenwall. Auf dieser weiten Sandplatte kann man die Entstehung von Urdünen (Primärdünen) besonders schön beobachten. Landeinwärts erstreckt sich ein ausgedehntes Sandgebiet, auf dessen Dünenwällen ein lockerer Kiefernwald wächst, in dem es sogar einzelne Miniatur-Wanderdünen gibt. Die gewaltige Sandanhäufung, deren Entstehung bereits vor etwa 5.000 Jahren begann, wurde durch die beständige Sandzufuhr von Westen her möglich und durch die seither erfolgte gelinde Hebung der Küste um ungefähr fünf Meter begünstigt.
Weiter westlich, an der Mündung der Tyge Å, die sich ihren Weg mühsam durch die Dünen gebahnt hat, wird

SANDKÜSTE

Wer zwei große Hände voll feinen Strandsand aufnimmt, der kann sicher sein, mehr als eine Million Sandkörner zu fassen. Sand - das sind winzige, mit bloßem Auge erkennbare Mineralkörner. Unser Ostsee-Strandsand besteht in der Regel zu 99 Prozent aus Quarzkörnern. Das Mineral Quarz ist reines Siliziumdioxid, dessen Härte über der von Glas und Stahl liegt.

Sand wird vom Meer in riesigen Mengen bewegt. Bei jedem Wellenschlag reiben sich unzählige Sandkörner gegeneinander. Dadurch werden sie im Laufe langer Zeit immer runder und glatter. Das Wasser bringt es auch fertig, den Sand durch beständige Umlagerung nach seiner Korngröße zu sortieren. Der angenehmste Strandsand besteht aus gut gerundeten Sandkörnern einheitlicher Größe. Zwischen den einzelnen rundlichen Körnern des lockeren Sandes gibt es viele winzige Hohlräume. Durch diese Poren sickert das Wasser sofort hindurch. Je einheitlicher die Korngröße, desto schneller trocknet der nasse Sand.

Alle Sandstrände sind Aufschüttungen des Meeres. Oft aber führt die See bei Sturmhochwasser einen Teil des Strandes wieder mit sich fort und lagert den Sand im Flachwasser vor der Küste als Sandriff ab. Nach den Herbst- und Winterstürmen sind manche unserer beliebten Badestrände beängstigend schmal, eben „Winterstrände“. Meist bringen aber die Frühlingsstürme den Sand - gut durchgewaschen - wieder zurück und schütten ihn zum „Sommerstrand“ auf. Geschieht das nicht, so hilft der Mensch hier und da nach. Aber künstlich aufgespülter Strandsand ist meist schlecht sortiert und besitzt nicht die Vorzüge des natürlich abgelagerten Sandes.

An manchen Stellen des Strandes fallen dunklere Sandstellen auf. Dieser schwärzliche oder rötliche Sand besteht aus andersartigen Sandkörnern, die das Wasser bei ungezählten Wellenschlägen aussortiert und hier konzentriert hat. Es handelt sich um sogenannte Schwerminerale, deren Körner ähnlich verwitterungsbeständig sind wie Quarz, hauptsächlich um den schwarzen Magnetit und den rötlichen Granat.

▲ *Strandsand, vergrößert.*

▲ *Schwermineralkonzentration an einem Sandstrand auf Rügen Schwermineralsand (im Kreis).*

Sandstrand auf der Halbinsel Darß.

der Strand sehr schmal. Hier trägt heute das Meer bei Sturmhochwasser manchmal viel Sand ab und befördert ihn nach Osten, zum Sandhammeren. Damit ist dieses Ufer östlich von Löderups Strandbad eine der wenigen Stellen an der schwedischen Ostseeküste mit nennenswertem Uferrückgang.

Kåseberga

Bei Löderup Strandbad schiebt sich ein hoher, wallartiger Moränenrücken (Hammars Backar) an die Küste heran und bildet nach Westen hin auf einige Kilometer Länge ein markantes Steilufer. Völlig mit kurzem Rasen bewachsen dokumentiert dieses hohe Kliff, dass es gehoben wurde und heute nicht mehr von der Abtragung betroffen ist. Auf dem markanten Vorsprung des Kåsehuvud, direkt am Fischerort Kåseberga, liegt

▲ *Ales Stenar bei Kåseberga, östlich Ystad. - Die gewaltigste Steinsetzung an der Ostsee stammt aus dem 9. - 11. Jahrhundert und gibt viele Rätsel auf. Sie liegt in beeindruckender Position am Rande des Hochufers, das auf dem Bild rechts zu sehen ist.*

◄ *Strand an der Tobisviken bei Simrishamn. - Wer über diesen groben, rötlichen Sand läuft, sinkt ungewöhnlich tief ein. Da hier die einzelnen Sandkörner nur wenig gerundet sind, liegen sie locker gepackt. Herkunftsort des Sandes sind die Uferklippen im Hintergrund - uralte Sandsteine der Osteuropäischen Tafel.*

► *Blick vom Hochufer bei Kåseberga nach Westen, im Hintergund Ystad. - Das einst stark von der Abtragung betroffene Kliff nahe Ales Stenar ist heute bewachsen - sicheres Zeichen einer gelinden Landhebung.*

malerisch in dieser weiten Trockenrasen-Hügellandschaft die größte Steinsetzung Skandinaviens - Ales Stenar. Die großen Findlinge sollen im 8. - 11. Jahrhundert von den Wikingern zu diesem „Steintanz" aufgestellt worden sein. Von der Kante des Steilufers bei Kåseberga reicht der Blick längs der Südküste Schonens weit nach Westen und nach Südosten bis hin zur Westküste Bornholms.

Die Südküste Schonens

Westlich der Hammars Backar, zwischen Nybrostrand und Ystad erstreckt sich ein schöner, rund fünf Kilometer langer Sandstrand. Landeinwärts, im Kiefernwald von Ystads Sandskog, kann man zehn langgestreckte, etwa 4.000 - 7.000 Jahre alte Strandwälle aus der Litorinazeit beobachten. Sie lassen erkennen, wie die einstige Bucht langsam mit Sand aufgefüllt wurde.

Niedrige Steilufer, Sandstrände, die mit Geröllstränden wechseln - sie bestimmen das Bild der Ufer westlich Ystad. Wer diese Küste erkunden möchte, der sollte auf der Fahrt durch die zahlreichen kleinen Erholungsorte, längs der schmalen Uferstraße nach Trelleborg, häufiger anhalten und zum Strand hinuntergehen - spätestens am Smygehuk, einem traditionsreichen Handels- und Schmuggelplatz. Grobes Feuersteingeröll bedeckt hier an der südlichsten Spitze Schwedens den steil abfallenden Strand. Am Smygehamn, den in einen einstigen Kalkbruch hinein gebauten Hafen, liegen historische Kaufmannsspeicher und alte Kalköfen. Der früher hier gegrabene und gebrannte Kreidekalk enthält viel Feuerstein. Dieser wurde aus dem Kalk ausgesondert und teilweise auf den Strand gekippt. Dadurch hat man den natürlich ausgebildeten Feuersteinstrand erheblich „verstärkt".

Feuersteinwälle

Der rund 50 Millionen Jahre alte Kreidekalk aus dem Tertiär bildet die Gesteinsunterlage der gesamten Südküste. Die Ostsee hat früher zwischen Smygehuk und Höllviken riesige Mengen an Feuerstein aus dem anstehenden Kreidekalk herausgewaschen und vor rund 6.000 Jahren zu einem beachtlichen Strandwall angehäuft - Järavallen, ein heute fünf bis sechs Meter über NN liegender, flacher Strandwall, der längs der Küste - östlich und westlich von Trelleborg - insgesamt über mehr als 50 Kilometer zu verfolgen ist. An manchen Stellen des ufernahen, weiträumig nur mit Trockenrasen bewachsenen Walles blühen im Frühling zahllose Kuhschellen, an anderen sind Golfspieler aktiv, teilweise verläuft auf ihm die Küstenstraße. Auch heute bildet der grau-weißliche Feuerstein das weitaus häufigste Strandgeröll an der Südküste von Schonen.

In der Bucht von Kämpinge, unmittelbar südlich der Halbinsel Falsterbo, geht der Feuersteinstrand in einen schönen Sandstrand über. Hier wird sogar hin und wieder Bernstein angespült. Dazu präsentiert das nur wenige Schritte von diesem Ufer entfernte Schwedische Bernsteinmuseum Kämpinge eine interessante Ausstellung.

Falsterbo

Auch die eigenwillig geformte Halbinsel Falsterbo südlich von Malmö ist eine Aufschüttung des Meeres. Drei kleine, unter dem Meeresspiegel liegende Inselkerne wurden durch großflächige Sandaufschüttungen miteinander und mit dem Festland verbunden. Davor liegen ausgedehnte Flachwasserzonen mit zahlreichen Sandriffen. Noch heute erfahren die sandigen Uferzonen eine beständige Umformung durch das Meer. Falsterbo/Skanör besitzt einerseits reiche, geschützte Naturareale: weite Sandstrände mit Strandwällen und Weißdünen, naturbelassenes Salzgrasland mit Wiesenprielen, zahlreiche kleine Strandseen, ausgedehnte Dünengebiete und karge Heidelandschaften mit interessanter Flora und Fauna. Auf Ängsnäs an der Südküste

◄ *Smygehuk - die Südspitze Schwedens. Der etwa 15 Kilometer östlich Trelleborg gelegene kleine Landvorsprung ist geologisch ebenso interessant wie geschichtlich. Hier gibt es viel zu sehen: alte Kalkgruben (eine davon bildet heute den Hafen), Kalköfen, versteinerte Seeigel zwischen dem Strandgeröll aus Feuerstein, historische Kaufmannsspeicher mit Kunstausstellungen...*

▼ *Meersenf am Strand der Halbinsel Falsterbo. - Die üppig blühenden Büsche dieser salzholden Pflanze sind die spätsommerliche Zierde vieler Ostseestrände. Diese einjährige Staude blüht oft bis zum einsetzenden Frost und gedeiht besonders prächtig an solchen Stellen, an denen nährstoffreiches Angespül unter dem Strandsand liegt.*

und auf Hammarsnäs zwischen Höllviken und Foteviken brüten zahlreiche Seevögel. Millionen Zugvögel rasten im Herbst an den Ufern von Falsterbo. Deshalb kommen auch die Vogelfreunde von weither, um hier zu beobachten. Måkläppan, der südliche Sandhaken mit seiner idealen Hakenform, ist eine den Kegelrobben und Seehunden vorbehaltene Ruhezone.

Andererseits entstanden auf Falsterbo durch ausgedehnte Sommerhaus- und Wohnsiedlungen, Golfplätze, Reitwege, Sportboothäfen, Verkehrswege und den im Zweiten Weltkrieg ausgehobenen Falsterbo-Kanal zahlreiche Konfliktzonen zwischen Mensch und Natur. Und der Druck auf die Natur nimmt, trotz verstärkter Bemühungen um den Naturschutz, weiter zu - hier, am Rande der aufstrebenden „Europaregion Kopenhagen-Malmö", wie an vielen anderen Küstenabschnitten der Ostsee in der Nähe großer Ballungszentren.

Öresund

Überall am südlichen Öresund wird der Blick zuerst auf die gewaltige Öresundbrücke gelenkt, welche die beiden Küsten-Großstädte Kopenhagen und Malmö, also die Insel Seeland mit der Halbinsel Schonen, verbindet. Der Öresund als östliche der drei schmalen Verbindungen zwischen Ostsee und Kattegat ist auf beiden Ufern besonders dicht bebaut. Diese Bebauung und die intensive Nutzung der Küste bestimmen das Bild der Landschaft längs der jeweils etwa 75 Kilometer langen Ufer beiderseits des Sundes.

Eine weite Küstenebene erstreckt sich zwischen Malmö und Landskrona. Sowohl in der Lommabucht, als auch in der Lundåkrabucht läuft das Ufer zum Teil sehr flach in den Sund hinein. Diese Flachküste, die breiten Uferwiesen, Schilfgürtel und Verlandungszonen hinter Strandwällen überschaut man sogar von der Autobahn Malmö-Göteborg.

Nördlich von Landskrona reicht die eiszeitliche Grundmoräne als Hügelrücken an den Sund heran und bildet bei Ålarbodarna ein hohes Steilufer. Von hier aus bietet sich ein beeindruckender Blick auf den mittleren Öresund und auf die gegenüber liegende Küste Seelands, die mit ihrem bewaldeten Hochufer, der lockeren Bebauung und ihrer Parklandschaft als eine der schönsten (und teuersten) Wohngegenden Dänemarks gilt. Davor, mitten im Öresund, liegt die landschaftlich sehenswerte Insel Ven - mit dem kleinen Fährschiff vom Hafen Landskrona aus bequem erreichbar. Die über

▶ *Fischerhütten auf fossilen Strandwällen bei Kämpinge, westlich Trelleborg. - Diese hauptsächlich aus Feuerstein bestehenden Strandwälle entstanden vor etwa 5.000 Jahren und liegen heute einige Meter über dem Meeresspiegel und etwas landeinwärts. Auf ihnen blühen im Frühling zahlreiche Echte Kuhschellen, die hier durch den Kalkgehalt im Untergrund besonders gut wachsen.*

▲ *Blick zum Kullaberg, rechts Mölle. - Dieser Bergrücken aus kristallinem Gestein schiebt sich als Halbinsel kilometerweit ins Kattegat hinein und bildet eine bereits aus großer Entfernung sichtbare Erhebung - für die aus weiter Ferne zurückkehrenden Seefahrer seit jeher eine ersehnte Landmarke an der Einfahrt in die heimatliche Ostsee.*

► *Brandung am Kullen. - Die sturmumtosten Klippen dieses markanten Vorgebirges bestehen aus besonders hartem vulkanischen Gestein - aus einer speziellem Abart von Porphyr, die es nur am Kullaberg gibt und die daher den Namen „Kullait" trägt.*

▼ *Aussicht vom Kullaberg nach Süden. - Aus über 100 Meter Höhe überblickt man die Landschaft am nördlichen Ausgang des Öresunds. Im Vordergrund liegt das Städtchen Mölle, links die Küste von Schonen, rechts hinten Seeland. Bei guter Sicht entdeckt man sogar die Türme von Schloss Kronenborg bei Helsingör.*

40 Meter hohe Insel besitzt ringsum Steilufer aus Geschiebemergel. Davor entdeckt der Wanderer auffallend vielfältige Geschiebestrände. Nirgendwo an den schwedischen Ufern soll man so viele verschiedene Gesteinsarten finden wie auf Ven.
An seiner schmalsten Stelle, zwischen Helsingborg und Helsingør, ist der Öresund gerade vier Kilometer breit. Hier liegt das bekannteste Gebäude am Öresund, Schloss Kronenborg, malerisch auf einer Landzuge vor Helsingør.

Der Kullen

Der markante Kullaberg bildet die geradlinige Fortsetzung der schwedischen Öresundufer nach Norden. Dieser bis zu einer Höhe von 187 Metern aufragende Bergrücken aus uraltem granitartigem Gestein gilt als „Torwächter zur Ostsee" und läuft viele Kilometer hinaus ins Kattegat. Wie Stenshuvud verdankt er seine ungewöhnliche Position erdinneren Kräften, die ihn an Verwerfungen empordrückten. Seine hohen, felsigen Steilufer am äußersten Vorsprung der Landspitze, dem Kullen, gelten als die eindrucksvollsten Brandungsklippen der Ostsee. Das 88 Meter hoch gelegene Kullens Fyr ist das älteste Seefeuer Schwedens und heute das lichtstärkste ganz Skandinaviens. Im nahe gelegenen Naturum Kullaberg gibt es ein großformatiges Relief des Bergmassivs und dazu wertvolle Informationen über Flora und Fauna im Naturreservat, das den größten Teil des Massivs schützt. Die Steilufer, Klippen und der bewaldete Höhenrücken des Kullabergs bieten zahlreiche touristische Möglichkeiten: Wandern, Bergsteigen, Angeln, Vogelbeobachtungen, Tauchen, Golfen, Baden... Schöne Wanderwege führen vom anmutigen Städtchen Mölle durch die Laubwälder zu Aussichtspunkten mit weitem Blick über die Küstenlandschaften am Öresund. Die Klippen am Kullen bei Sturm zu erleben, zählt zu den überragenden Naturerlebnissen an den Küsten der Ostsee.

Folgende Seite:
Brandung am Kullen - dramatisches Finale einer über 7.000 Kilometer langen Ostsee-Rundreise, die natürlich auch an dieser Stelle beginnen könnte.

KÜSTEN DER OSTSEE

Kreidekliffs, Wanderdünen, Schärengärten, Sandstrände, Schilfwälder, Kalksteinklippen, Strandseen und Granitsteilufer - das alles und vieles mehr bieten die Ufer rings um das *mare balticum*.

Die Küsten der Ostsee besitzen eine beeindruckende landschaftliche Vielfalt und eine überaus reiche Natur. Dieses Buch vermittelt dazu eine Übersicht.

In 20 Kapiteln wird die gesamte Küste der Ostsee vorgestellt - eingeteilt in jene Abschnitte, welche diese Karte zeigt.